文23储气库

多周期注采运行关键技术

张　平　付亚平
阳小平　杨火海　主编

中国石化出版社
·北京·

图书在版编目(CIP)数据

文 23 储气库多周期注采运行关键技术 / 张平等主编
.—北京：中国石化出版社，2023.9
ISBN 978-7-5114-7222-9

Ⅰ.①文… Ⅱ.①张… Ⅲ.①地下储气库-天然气开
采 Ⅳ.①TE822

中国国家版本馆 CIP 数据核字(2023)第 153786 号

中国石化出版社出版发行
地址:北京市东城区安定门外大街 58 号
邮编:100011 电话:(010)57512500
发行部电话:(010)57512575
http://www.sinopec-press.com
E-mail:press@sinopec.com
北京艾普海德印刷有限公司印刷
全国各地新华书店经销
*
710 毫米×1000 毫米 16 开本 9.75 印张 207 千字
2023 年 12 月第 1 版 2023 年 12 月第 1 次印刷
定价:48.00 元

《文23储气库多周期注采运行关键技术》编 委 会

前 言

PREFACE

地下储气库(UGS)因其具有建设周期短、投资小、调峰力强、可靠性高等特征，一直被当作重要的天然气调峰方式之一，在世界各地得到了广泛应用。近年来，我国天然气工业快速发展，油气长输管网格局初步形成，配套建设的天然气地下储气库在冬季保供和应急供气中发挥了重要作用。

我国地下储气库发展起步较晚，但经过 20 多年的理论与实践创新，先后建成并投产了一大批复杂地质条件的储气库，在较短的时间内实现了从零到百亿立方米级调峰能力的历史性跨越，迈入快速发展阶段。截至 2022 年底，国内已建成各类储气库 33 座，形成工作气量 $176.31\times10^8m^3$。按照中长期发展规划，未来将建成西北、中西部、东北、华北、西南、中东部 6 大储气中心，2030 年储气能力将达 $405\times10^8m^3$，全面形成地下储气库—管网—气田—消费区相互联动的发展局面，通过优化管道输送系统，调节供需平衡实现稳定供应，进一步优化调整能源结构，保障国家能源安全。

从我国已投产地下储气库运行情况来看，实际工作气量与建库方案设计的工作气量相比仍存在一定差距，达容达产率需要进一步提高，这与我国复杂的油气藏地质构造密不可分。我国地质构造复杂，适宜建库的油气藏具有构造破碎、埋藏深、储层非均质性强、建库前流体分布复杂等特点，且以中低孔中低渗气藏为主，部分储层埋深达到 4500m(世界上 95%的气藏型地下储气库埋深低于 2500m)。

位于东濮凹陷地区的文23气田是典型的中低孔低渗气藏，气藏埋深近3000m。由文23气田主块改建的文23储气库是国家“十三五”重点工程，也是中国内地首座百亿库容的天然气地下储气库。同时，作为中东部地区最大的地下储气库，文23储气库联通着西气东输、鄂安沧、榆济等多条主干天然气管道，有效保障了华东、华北、华中等地区广阔的天然气消费市场平稳运行。自2019年投产以来，文23储气库已累计完成四轮注采，累计注采气近$160\times10^8m^3$，有效履行国家天然气市场冬季保供的政治责任。但从实际运行效果来看，文23储气库距离达容达产尚存在很大距离，为此国家管网集团公司组织开展了文23储气库生产优化与达容达产等系列关键技术研究，有效支撑文23储气库生产优化，推动达容达产进程。

本书是作者针对文23储气库在生产运行过程中多周期注采动态库容评估、损耗计算、动态分析、注采方案制定以及应急调峰方案优化等核心问题技术攻关成果的全面总结，在编写过程中作者广泛阅读了前人的研究成果和国内外相关论著，在此谨致谢意。特别感谢国家管网集团公司生产部、西气东输分公司、中原储气库有限责任公司等相关部门同志给予本书编写的大力支持，同时也非常感谢西南石油大学、成都理工大学、中原油田勘探开发研究院及中原油田石油工程技术研究院等高校、科研院所的帮助和指导。

地下储气库的扩容达产工作不是一劳永逸，需要随着储气库多周期运行不断开展深入研究，优化运行和推进达产的技术尚需进一步深入研究和总结。由于作者水平有限，加之时间仓促，书中难免存在许多不妥之处，恳请读者批评指正。

目 录

CONTENTS

第1章　文23储气库概况

文23储气库位于河南省濮阳市文留镇东北，利用已经枯竭的文23气田主块进行改造建设，构造上位于东濮凹陷中央隆起带北部文留构造高部位(见图1-1)，是中国中东部地区最大的地下储气库，地理位置好，储气规模大，担负着中东部地区天然气市场调峰、应急供气、管道平稳运行等重要任务。

根据2015年10月河南省发展和改革委员会《河南省发展和改革委员会关于文23地下储气库工程项目核准的批复》文件要求，根据地质资料分析，文23气田主块沙四$^{3-8}$砂组具有明显的块状特征，储量大，物性好，产能高，封闭性好，作为储气库的储气单元。利用气田30多年来取得的压力及产量建立的压降方程，计算文23气田主块压降储量$104.21\times10^8m^3$作为储气库库容基础。

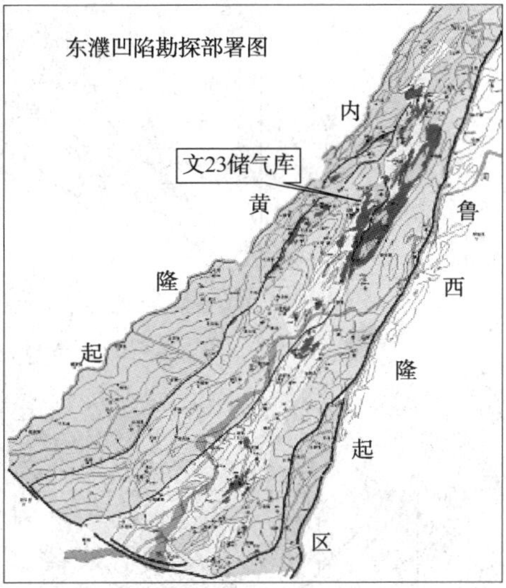

图1-1　文23储气库地理位置

文23储气库属于内部小断层发育、异常高压、低渗砂岩干气藏型储气库，设计库容为$104\times10^8m^3$，工作气量为$40.34\times10^8m^3$。储层为沙河街组沙四$^{3-8}$砂组，以粉砂岩为主，夹灰色薄层泥、页岩，埋深为2750~3120m，孔隙度为8.86%~13.86%，渗透率为0.27~17.12mD，地层温度为115~130℃，地层水矿化度为$23.98\sim30.12\times10^4$mg/L。盖层为巨厚盐膏层，上覆盐层厚度大、岩性纯、封闭性好。自上而下为沙一盐、沙二上盐、文9盐、文23盐，其中文23盐层厚达200~600m。边界断层为文西、文东断层，断距大，断距最大达1450m，分块断层封闭性好(文68、文105、文104、濮深1断层，见图1-2)，为天然气提供良好的储存空间。静态资料及30多年开发动态和前期注采气动态资料证明分块断层具有封闭性，而主块内部断层不具封闭性，主块内储层整体连通性较好(见图1-3、图1-4)。

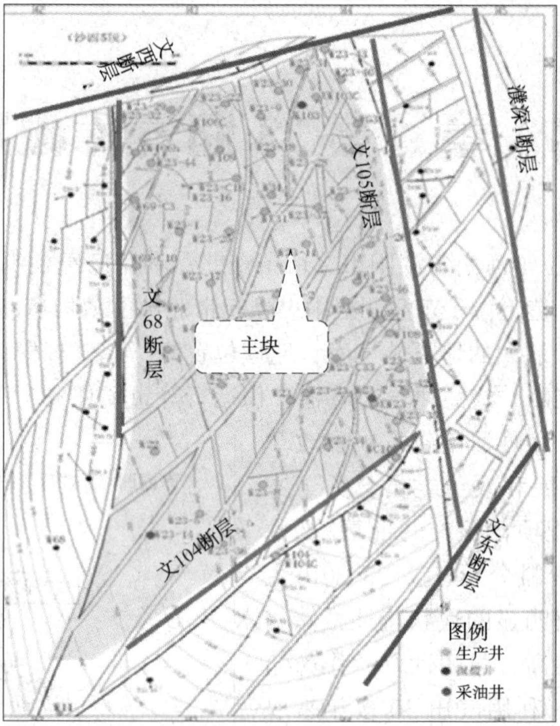

图 1-2　文 23 储气库边界断层分布图

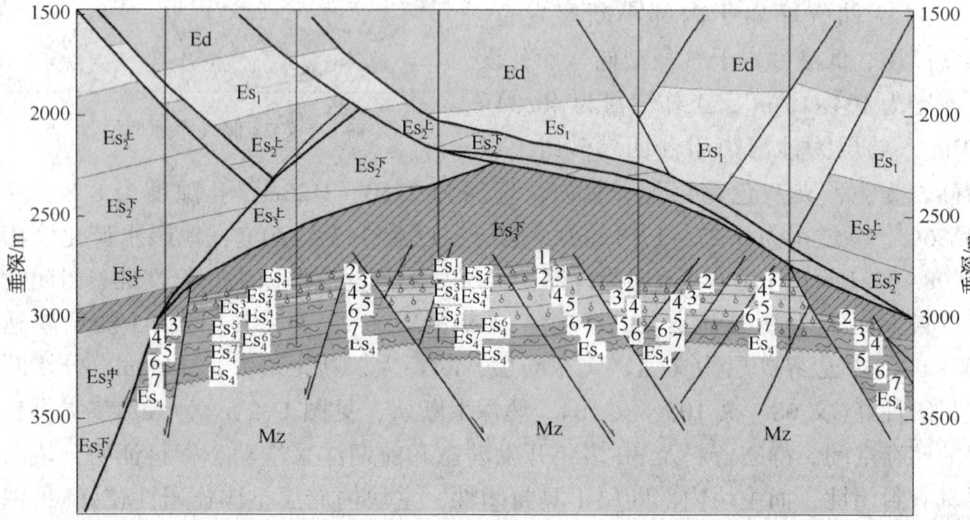

图 1-3　过文 19-文 69-文 64-文 23-文 105 井气藏剖面图

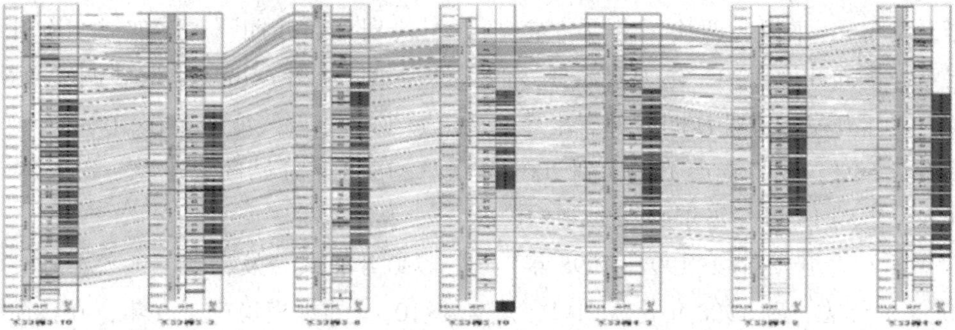

图 1-4　过储 3-10~储 1-3~储 2-8~储 2-10~储 4-3~储 4-5~储 4-6 井砂体连通图

在气藏开发阶段，文 23 气田的勘探开发历程分为 5 个阶段：开发准备阶段（1977~1987 年）、产能建设阶段（1988~1990 年）、稳产开发阶段（1991~1998 年）、高速开发阶段（1997~2007 年）、产量递减阶段（2008~建库前），如图 1-5 所示。

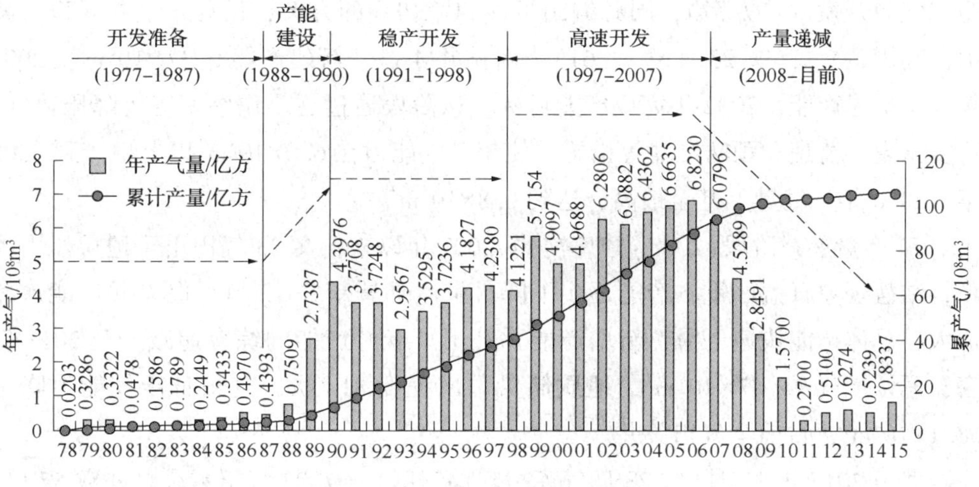

图 1-5　文 23 气田开发历程

① 开发准备阶段（1977~1987 年）：以文 4 井（1977 年 4 月）发生强烈井喷为标志，于 1978 年投入试采，到 1986 年初上报探明储量时止，该阶段陆续完成详探井 16 口，对 13 口井进行了试气，12 口井获工业气流，对 4 口井进行了断续的试采。1986 年 3 月，经国家储委审批，确定气田含气面积 12. 2km^2，天然气地质储量 149. 4×10^8m^3。

② 产能建设阶段(1988~1990 年)：1987 年开始编制开发方案，平面上分 4 个开发单元(主块、西块、南块、东块)。主块划分为沙四$^{1-2}$和沙四$^{3-8}$两套开发层系，优先开发沙四$^{3-8}$主力层系，沙四$^{1-2}$作为稳产接替；边块采取沙四$^{1-6}$合采，实行立体开发。设计沙四$^{3-8}$部署生产井 20~21 口，年产气能力 $4.0\times10^8m^3$，采气速度 2.68%，预计稳产 15 年(到 2004 年底)。1988 年开始产能建设，到 1989 年开发井达到 15 口，当年产气 $2.79\times10^8m^3$。

③ 稳产开发阶段(1991~1998 年)：以 1990 年正式开发实现了年产能力 $4.4\times10^8m^3$为标志，到 1998 年，气田以年产 $4.4\times10^8m^3$的规模稳产了 9 年，在该阶段中，1995 年起实施了整体压裂改造方案，1998 实施了开发调整方案。阶段末开发井达到 25 口，年产气 $4.88\times10^8m^3$。

④ 高速开发阶段(1999~2007 年)：根据中国石化占领山东市场的要求，加大了文 23 气田的调整力度，提高了采气速度。经过 11 年的稳定开发，文 23 气田随着天然气采出量的增加，逐渐暴露出一些影响气田稳产的问题，如气田压力和产能下降不均衡，局部储量动用差等。为此，2000 年编制了《文 23 气田沙四$^{3-8}$气藏开发调整方案》，同时编制了沙四$^{1-2}$初步的方案，设计采气井 6 口。其中，利用井 2 口(文 23-11、文 61)，新钻井 4 口，新建产能 $0.37\times10^8m^3$。2001 年开始扩建产能，2002 年完成产能目标。该阶段通过逐步调整完善、降压输气、重复压裂、清理和预防结盐等措施，使年产气能力在 $6.0\times10^8m^3$以上稳产到 2006 年。2006 年产气量上升至最高，达到 $6.8\times10^8m^3$。

⑤ 产量递减阶段(2008~建库前)：2007 年以来，文 23 气田由于地层压力下降，结盐现象日益严重，产能逐步下降。虽然部署新井 12 口，但老井产能递减加大，总体产能快速下滑，新增产能弥补不了老井产能的综合递减。至 2011 年底，累计产气 $94.07\times10^8m^3$，地质储量采出程度 81.0%，气田日产气能力降至 $58.1\times10^4m^3$，目前全气田关井。

截至 2015 年 12 月(文 23 储气库拟建储气库)，文 23 气田主块总井数 57 口，累计产气 $94.07\times10^8m^3$，地质储量采出程度 81.0%，主力气层的地层压力已降至 4~5MPa。

2011 年 12 月 12 日召开的“中国石化新疆煤制天然气外输管道(新粤浙)项目”前期工作启动会上决定，文 23 储气库作为新疆煤制天然气外输管道配套工程，平行推进。为此，开展了文 23 低渗砂岩枯竭气田储气库工程可行性研究。2016 年 8 月《文 23 地下储气库工程可行性研究报告》通过审批，根据批复的整体方案部署，文 23 储气库设计井台 13 个，总注采井数 110 口(定向井 90 口、直井 13 口，老井利用采气井 7 口)，老井利用监测井 7 口(块内 4 口，块外 3 口)，注气期 200 天(4 月 16 日至 10 月 31 日)，采气期 150 天(11 月 1 日至 3 月 31 日)，运行工作气量：$40.34 \times 10^8 m^3$，库容量 $104.21 \times 10^8 m^3$，运行压力 20.92~38.6MPa。

文 23 储气库容量大，调峰能力强，为不造成设备及资源闲置，设计分期进行建设。一期方案满足华北地区目前调峰气量，新井尽量部署在中-高产区。由于储层的连通性较好，一期注气量不可避免向低部位逸散，但可以减少二期的垫气量。一期井网部署结果：井台 8 个，总注采井数 77 口，新钻注采井数 66 口(直井 11 口、定向井 55 口)，采用 7″生产套管，3½″油管，设计单井的最大注气能力为 $100 \times 10^4 m^3/d$，最大采气能力为 $90 \times 10^4 m^3/d$，最高工作压力为 35MPa；老井利用采气井 11 口，采用 5½″生产套管，2⅞″油管，设计最大采气能力为 $55 \times 10^4 m^3/d$，最高工作压力为 35MPa。老井利用监测井 7 口(块内 4 口，块外 3 口)。库容体积为 $84.31 \times 10^8 m^3$，运行压力为 20.92~38.6MPa，运行工作气量为 $32.67 \times 10^8 m^3$，补充垫气量为 $40.90 \times 10^8 m^3$。2017 年 5 月文 23 储气库一期工程开工建设，截至 2019 年 7 月底，一期 66 口新井已经全面完成钻完井并投产。

文 23 储气库地面一期工程设计注气能力为 $1800 \times 10^4 Nm^3/d$，采气能力为 $3000 \times 10^4 Nm^3/d$，气源主要来自鄂安沧输气管道、榆济输气管道和中开线管道。建设 1 座注采站、8 座丛式井场、5 座监测井场、站外集输管网和相关配套工程。目前储气库处于一期达容达产推进、二期工程平稳建设的重要阶段。一期工程地面采用一级布站方式，主要工艺包括集输工艺、注气工艺、采气工艺，工艺路线特点描述如下：

① 采用二级布站、气液混输、井口节流、双向计量、注采共用的集输工艺；

② 采用宽工况、多气源、多机组的注气工艺；

③ 采用井口流量控制、“节流+三甘醇脱水”的采气工艺。

文 23 储气库周边管网布局如图 1-6 所示，总体流程框图如图 1-7 所示。

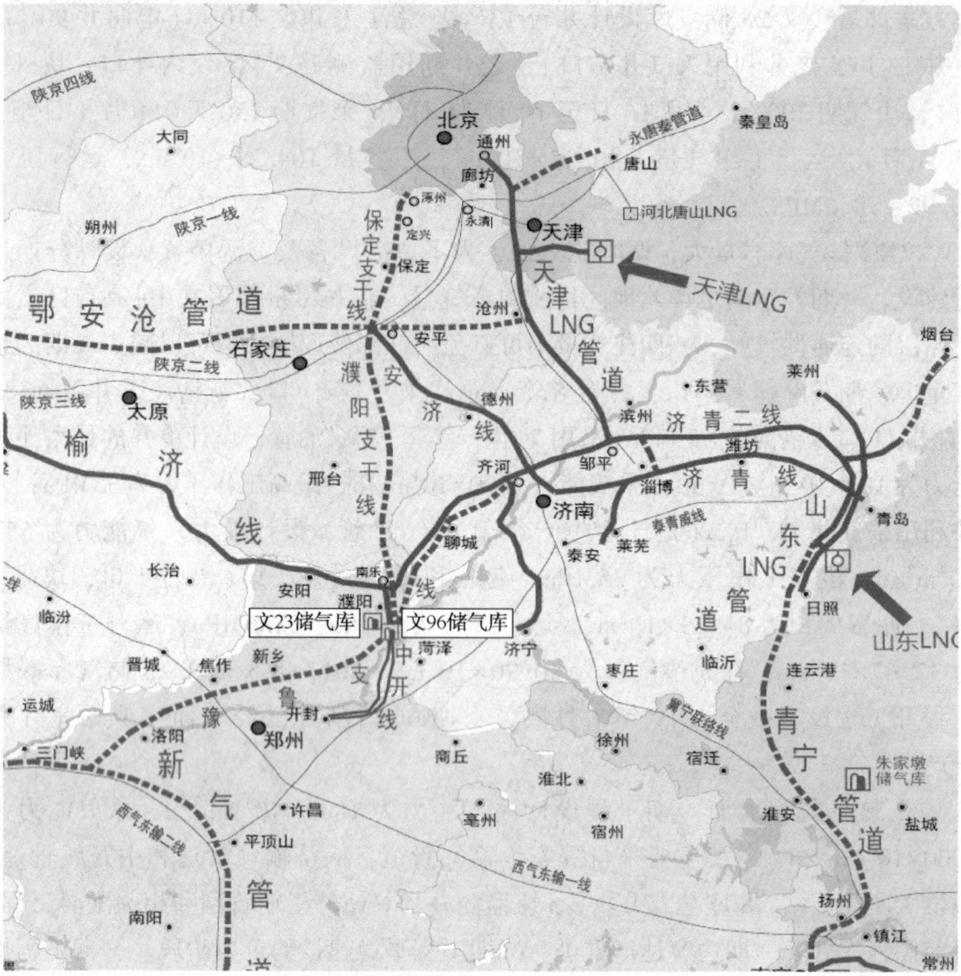

图 1-6 文 23 储气库周边管网图

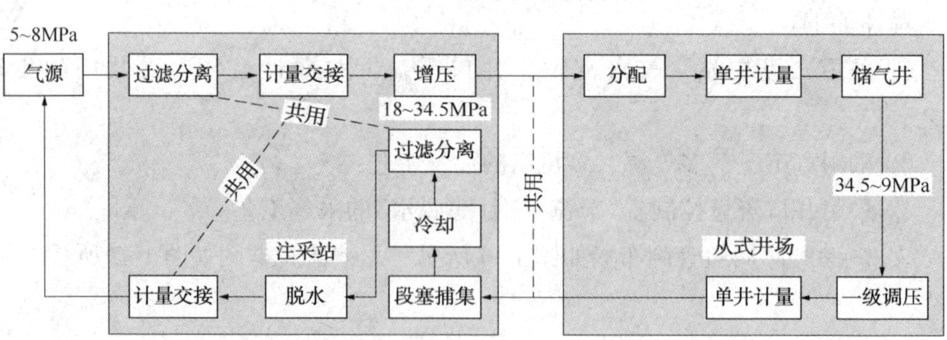

图 1-7 文 23 储气库一期地面工程总体流程框图

第 2 章　三维储层精细描述技术

2.1　油气藏三维地质建模方法

现代油藏描述以建立定量三维油藏地质模型为最终目标。这是计算机技术在油藏描述中广泛应用的结果，也是提高油藏模拟和开采动态预测精度的要求。由于计算机技术的发展，地质和数学更进一步的结合以及地质工作本身向定量化的深入发展，使过去只能以各种二维图件来表现油藏地质面貌的传统地质工作方法已逐步被应用计算机技术建立和显示三维的、定量的地质模型所代替，各种建模技术和计算机软件、不断地问世，成为近十几年来油藏描述向油藏表征推进的主要标志。

2.1.1　油藏地质模型类别

一个完整的油藏地质模型应包括：

构造模型：油藏构造形态及断层分布。

储层模型：储层建筑结构及各种属性的空间分布。

流体模型：储层内油气水分布，即各种流体饱和度分布和流体性质的空间变化。

根据油田不同开发阶段的任务，对油藏地质模型的精细程度要求不同，依次通常可以把油藏地质模型分为三类：

概念模型：把所描述的油藏的各种地质特征，特别是储层，典型化、概念化，抽象成具有代表性的地质模型。只追求油藏总的地质特征和关键性的地质特征的描述，基本符合实际，并不追求每一局部的客观描述。这样的地质模型可供研究油田开发中的战略指导路线，或进行开采机理研究。

静态模型：也称实体模型，把所描述的油藏地质面貌，依据资料控制点实测的数据，加以如实地描述并不追求控制点间的预测精度。建立这样的地质模型必须有一定密度的资料控制点——井网密度，才有意义。一般是开发井网完成后进行，为油田开发早期生产服务，过去油田实际应用的静态资料即属这一类型。

预测模型：预测模型不仅忠实于资料控制点的实测数据，而且追求控制点间的内插外推值有相当的精确度，即对无资料点有一定的预测能力。实际上这是追求高精细度的油藏地质模型，一般为二次采油中后期调整及三次采油实施所需求。

依据油藏描述规模的地质模型分类。为配合油藏模拟进行不同开发问题的研究，实际工作经常需要建立不同规模的地质模型，常用的有：

① 一维单井地质模型；

② 二维砂体剖面模型；

③ 二维层系剂面模型；

④ 三维砂体模型；

⑤ 二维层内隔层模型；

⑥ 三维油藏整体模型；

⑦ 二维砂体平面模型；

⑧ 三维井组模型；

⑨ 三维层内隔层模型。

2.1.2 常用的建模原理及方法

地下地质工作中，油藏地质模型建模技术中的关键点，是如何根据已知的控制点资料内插、外推资料点间及以外的油藏特性。根据这一特点，建立油藏地质模型方法可分两大类：确定性的和随机性的。

目前通行的软件一般是把整个油藏网块化：先建立井模型，把各井同层位网块等时对比相连建立层模型，以同层位网块高程表征油藏构造特征，以非储层网块分隔的储层网块表征储层的格架，以储层网块中记入各种储层属性的量值表征这些参数空间的分布和非均质面貌。网块尺寸的大小反映模型的粗细程度；属性量值的精度，特别是无资料控制点处的内插外推值的精度则反映模型的精度。

2.1.2.1 确定性建模原理及方法

(1) 确定性建模原理

确定性建模方法认为资料控制点间的插值是唯一解，确定性的。传统地质工作方法的内插编图，就属于这一类。克里金作图和一些数学地质方法作图也属这一类建模方法。开发地震的储层解释成果和水平井沿层直接取得的数据或测井解释成果，都是确定性建模的重要依据。

克里金方法在地质统计学中已经得到了广泛的应用，从数学角度抽象来说，它是一种对空间分布数据求最优、线性、无偏内插估计量的方法。较常规方法而言，它的优点在于不仅考虑了各已知数据点的空间相关性，而且在给出待估计点的数值的同时，还能给出表示估计精度的方差。经过多年的发展完善，克里金方法已经有了好几个变种，如普通克里金法、泛克里金法、析取克里金法、对数正态克里金法、协同克里金法、因子克里金法等，这些方法分别用于不同的场合。

(2) 储层三维建模的步骤

三维建模流程如图 2-1 所示。

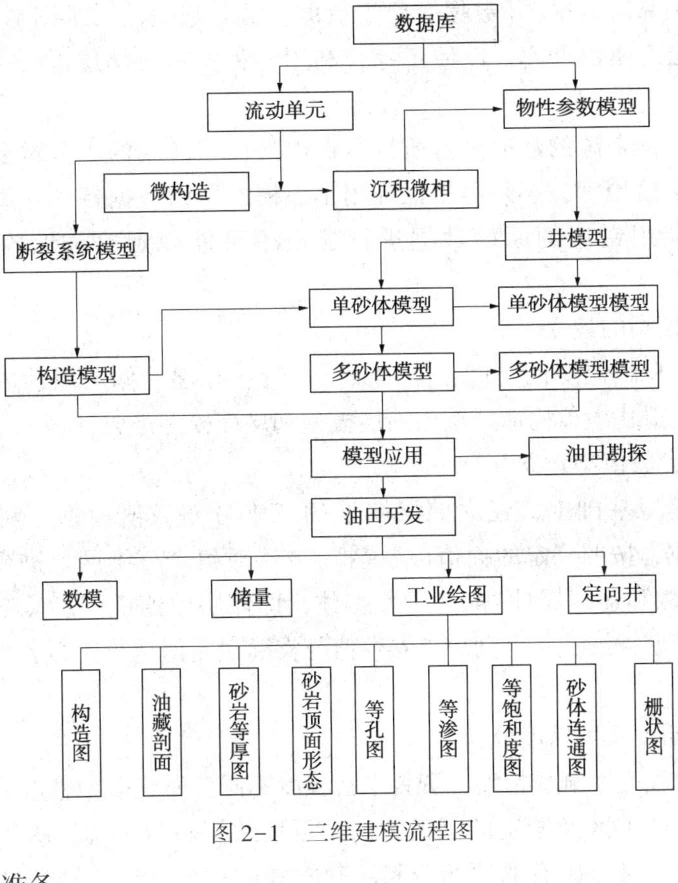

图 2-1 三维建模流程图

1) 数据准备

数据来源：岩心、测井地震、试井、开发动态。

从建模内容来看，基本数据类型包括以下四类：坐标数据；分层数据；断层数据；储层参数数据。

储层数据又分为以下三种：

井眼储层数据、岩心分析和测井解释——硬数据：包括井内相、砂体、隔夹层、孔隙度、渗透率、含油饱和度等数据，即井模型。

地震储层数据：主要为速度、波阻抗、频率等，为储层建模的软数据。

试井(包括地层测试)储层数据：其一为储层连通性信息，可作为储层建模的硬数据：其二为储层参数数据，因它为井筒周围一定范围内的渗透率平均值，精度相对较低，一般作为储层建模的软数据。

2）数据集成及质量检查

数据集成是多学科综合一体化储层表征和建模的重要前提。集成各种不同比例尺、不同来源的数据(井数据、地震数据、试井数据、二维图形数据等)，形成统一的储层建模数据库，以便于综合利用各种资料对储层进行一体化分析和建模。

对不同数据来源的数据进行质量检查也是储层建模的十分重要的环节。为了提高储层建模精度，必须尽量保证用于建模的原始数据特别是硬数据的准确可靠性，而应用错误的原始数据进行建模不可能得到符合地质实际的储层模型。

3）构造模型的建立

构造模型反映储层的空间格架构架。因此，在建立储层属性的空间分布之前，应进行构造建模。构造模型由断层模型和层面模型组成。

4）储层参数模型建立

在构造模型基础上，建立储层属性的三维分布数值模型。利用井数据和(或)地震数据，按照一定的插值(或模拟)方法对每个三维网块进行赋值，建立储层属性(离散和连续属性)的三维数据体，即储层数值模型。模型网块尺寸越小，标志着模型越细；每个网块上参数值与实际误差值越小，标志着模型的精度越高。

5）模型精度及可信度分析

资料丰富程度及解释精度：资料丰富程度不同，所建模型精度亦不同。一方面，对于给定的工区及给定的赋值方法，可用的资料越丰富，所建模型精度越高。另一方面，对于已有的原始资料，其解释的精度亦严重影响储层模型的精度。如沉积相类型的确定、测井资料的解释精度等。

赋值方法：赋值方法很多，就井间插值(或模拟)而言，有传统的插值方法(如中值法、反距离平方方法等)、各种克里金方法等。不同的赋值方法将产生不同精度的储层模型。因而，建模方法的选择是储层建模的关键。

6）建立数值模型即三维数据体图形显示

主要包括三维图形显示、任意旋转、不同方向切片、从不同角度显示储层的外部形态及其内部特点，地质人员和油藏管理人员可据此三维图件进行三维储层非均质分析和进行油藏开发管理。

7）根据三维储层模型进行油气储量计算

主要包括如下研究内容：层总体积；储层总体积以及不同相（或流动单元）的体积；储层孔隙体积及含烃孔隙体积；油气体积及油气储量；连通体积（连通的储层岩石体积、孔隙体积及油气储量）；可采储量。

8）储层数值模型输出应用与油藏数值模拟

一般需要对储层数值模型进行模型粗化，使细网格的精细地质模型“转化”为粗网格模型，使等效粗网格模型能反映原模型的地质特征及流动响应。

2.1.2.2　随机建模

所谓随机建模（Stochastic Modeling）就是以地质统计学为基础，综合地质学、沉积学等学科的现有知识，根据岩心分析、测井解释、地震勘探、生产动态以及露头观察等多种来源的已知数据，对沉积相单元、岩相、砂体、断层、裂缝或具体的流动单元的空间分布以及物性参数在空间的变化性进行模拟，从而产生一系列等概率的储层一维或多维图像或实现。这些实现表达了储层各种尺度的变化特征和内部结构，是高分辨率的、数字化的、定量的储层表征方式，而且易于在计算机上重复产生多个这样的实现。每个实现都是对现实的合理抽样，实现之间的差别反映了由于资料缺乏等原因引起的不确定性。

（1）储层随机建模原理

随机建模就是对于一个非均质场中变量 $Z(u)$ 的分布，人工合成反映 $Z(u)$ 空间分布等概率的模型过程。如果模拟中，每个实现在它的已知点位置处的值与原来的样品值一致，则称之为条件模拟。所谓等概率是指模拟的各个实现，其总体的统计量符合样品或理论的统计量，这里的统计量是指直方图、累积频率图、变异函数等。由于对应每个模拟点都有一个分布，所以，对预测值不确定性就有一个定量的描述，可以指出预测值在某一区间的概率。随机建模方法承认地质参数的分布有一定的随机性，而人们对它的认识总会存在一些不确定的因素，因此建立地质模型时考虑这些随机性引起的多种可能出现的实现，供地质人员选择。利用随机模拟技术来进行井间横向预测，能定量地、较真实地反映地质参数在空间的相互影响、分布以及非均质性，该技术已和露头研究、高分辨率地震一起成为建立三维储层定量地质模型的三大技术，促进了油藏描述向定量化和精细化方向发展，同时随机模拟技术可用于对断层带及断裂类型的识别和研究。

（2）随机建模方法

1）离散型模型

用来描述离散型的地质特征，如砂体分布，隔层分布，岩石类型分布等。

2）连续型模型

用来描述储层参数连续变化的特性，如孔隙度、渗透率、饱和度的空间分布。近年来已分别发展了一些具体算法，并有相应软件，见表2-1。

表2-1 常用随机建模技术表

模型	技术		
	种类	方法	算法
离散型模型	以目标物体为基础	条件模拟	试点性过程法
			马尔科夫随机域法
			截断高斯法
		非条件模拟	两点直方图法
			指标模拟法
			布尔法
连续型模型	以象元为基础	条件模拟	模拟退火模拟法
			顺序指标模拟法
			分形随机函数法
		非条件模拟	马尔科夫随机域法
			LU分解法
			转带法

（3）储层随机建模步骤

储层随机建模主要利用的信息是测井数据。储层随机建模的过程实质上就是把从测井解释结果得到的关于井筒的各种信息，再结合其他地质资料，最后得到对整个油藏空间分布的认识。在现代油藏描述中，用随机模拟方法建立随机模型，一般遵循以下步骤（图2-2）：

1）原始数据库的建立

原始数据库，即基础地质数据库，如坐标数据、分层数据、断层数据和储层数据等。主要用于Ⅰ建立定性的地质概念模型，以指导随机建模的过程；Ⅱ用作模拟的条件限制；Ⅲ模拟参数（统计特征值）的确定；Ⅳ建立模型的构造格架。

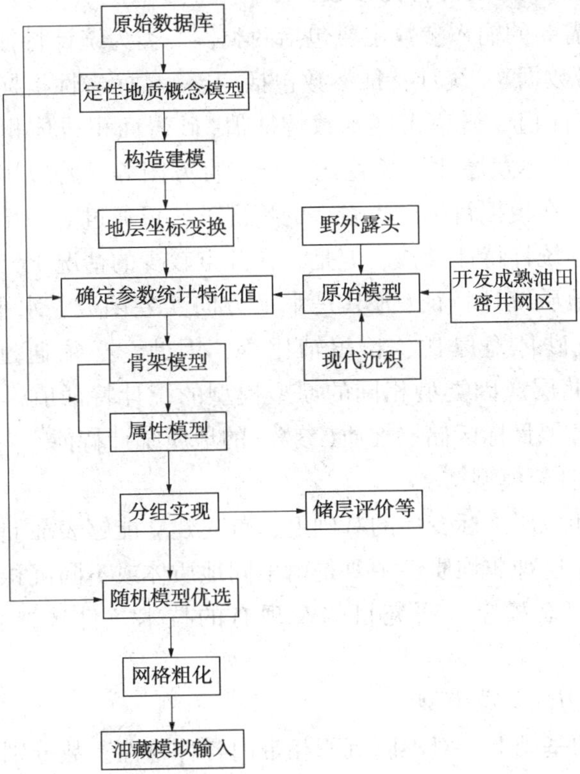

图 2-2　建模步骤

2）建立定性的地质概念模型

根据原始数据库及其他基础地质资料，建立定性的地质概念模型，如沉积相分布模型、砂体连续性模型等。定性的地质概念模型的建立主要是为随机建模选择模拟方法、确定模拟参数、指导实现的优选等。

3）构造建模

主要根据地震等资料，建立研究区的构造模型。应用高分辨层序地层学建立地层的等时间界面，为后续的骨架模型和物性参数模型的建立做准备。

4）地层坐标转换

储层形成以后，由于受到构造、压实、剥蚀等一系列地质作用，使得储层变得厚薄不均。而储层特征的分布及其持续性和有利方向是沿地层坐标的，并不是笛卡尔坐标。同一地层它的厚度在横向上有变化，但它代表的时间间隔是一样的。因此，在进行模拟之前，要进行坐标转换。模拟前把地层厚度转换成时间间隔，模拟时垂向上按时间间隔划分网格，模拟后再转换成地层厚度。

5）确定模拟输入的统计特征参数

随机模拟所需要的输入参数主要包括两类：一类为统计特征参数：一类为条件限制参数(原始数据)。统计特征参数包括变差函数(岩性指标变差函数和岩石物性变差函数)特征值、概率密度函数特征值(砂岩面积或体积密度、岩石物性概率密度函数)、砂体宽厚比、长宽比、分布直方图等。若应用分形模拟，尚需输入分形特征值。在模拟目标区点较多的情况下，可通过对原始数据库的统计分析确定工区本身的统计特征参数。但是，在井点较少的情况下，一般很难把握储层性质和参数的地质统计特征(尤其是水平方向变差函数、水平方向分形特征、概率密度函数)、砂体宽厚比、长短轴比等，因此，必须通过地质类比分析，"借用"与目标区储层成因类型相同的原型模型的统计特征值，即通过对原型模型的解剖，推导模拟目标区储层性质(参数)的地质统计特征。

6）建立储层骨架模型

在构造模型和地层坐标变换的基础上，首先建立能够表征储层较大规模非均质性的骨架模型。这种非均质性主要是由不同地质体或不同沉积相的空间分布引起的。根据地质概念模型、研究目的及现有的技术条件选择合适的随机模拟方法。

7）建立储层物性参数模型

在骨架模型的基础上，对不同沉积相带内各种物性参数分别建模。这些模型主要用来表征储层各地质体或沉积相内部岩石性质小范围的变化。

8）储层评价及优选随机模型

随机建模可以产生大量等概率的实现，实现之间的差别可以用来对储层的不确定性进行评价。另外，由于计算时间和费用的限制，往往只选择几个实现作为数模的输入。因此，需要从生成的大量实现中优选几个有代表性的实现。通常可以根据以下几个标准进行选择：①定性的地质概念模型；②随机实现的统计参数与输入参数的接近程度；③抽稀检验，根据模拟实现是否忠实于未输入模型真实的数据和特征进行选择；④模拟实现是否符合生产动态，可通过简单的二维油藏数值模拟或局部的三维数模的"历史拟合"情况来进行判别。

9）粗化及作为油藏数模的输入

由于地质模型的网格划分比较小，数模要求的节点数有限，因此需要对优选的实现进行粗化，以便作为油藏数值模拟的输入。在粗化过程中应尽量采用各种先进技术，避免有用信息的损失。

2.2 气藏三维地质模型建立

2.2.1 数据准备

根据建模软件 Petrel 数据要求，结合储气库气藏时期的生产实际，收集、分析、整理研究工区内钻井、测井、试采及生产动态等数据资料，主要包括以下几方面数据资料：

① 储气库气藏时期生产井井位坐标及井轨迹数据；

② 储气库气藏时期生产井单井测井解释成果曲线；

③ 储气库气藏时期生产井的小层分层数据。

2.2.2 地质模型建模范围、建模单元及网格系统的确定

（1）三维地质模型建模范围的确定

根据研究储气库气藏工程动态研究的需要，确定气藏精细三维地质模型的建模范围。

（2）三维地质模型建模单元的确定

根据研究储气库气藏储层划分确定建模范围，根据实际情况考虑气藏顶部盖层的渗漏情况可适当扩大建模范围。

（3）三维网格

在气藏地质建模过程中，建模网格大小在一定程度上决定了地质模型的精细程度，精细的模拟网格能够对工区目的层的物性及流体分布的非均质性进行较为准确的表征，为后期气藏数值模拟研究提供可靠性的基础。依据工区沉积特征及气藏数值模拟的需要，确定建模网格大小。

2.3 文 23 储气库地质模型建立

2.3.1 建模准备

精细地质建模采用两步法建模策略对文 23 气田进行三维精细地质模型的建立。本次精细地质建模工区面积 7. 3km^2，共收集 91 口井数据。针对本区井网较密、井距较小的特点，在准确控制储层横向变化的同时，将网格总数控制在当前

计算机处理能力所允许的范围内，模型平面网格采用了 20m×20m 的间距，纵向上细分为 276 个小层，总网格数 6970000 个。

2.3.2 构造模型建立

(1) 断层模型建立

文 23 气藏属于较复杂的断块地区，断层较为发育，断层产状在纵向上变化较大。本次建模利用高精度三维地震解释的断层 stick 数据，并结合原顶面构造数据生成断层面来实现。通过精细的断层线处理，建立了各断层的断面，使断层线倾角相互间具有继承性，断面相对光滑，并且与井上断点位置进行调整和锁定，使其与断面相吻合。

EW 向断层剖面图见图 2-3，NS 向断层剖面图见图 2-4。

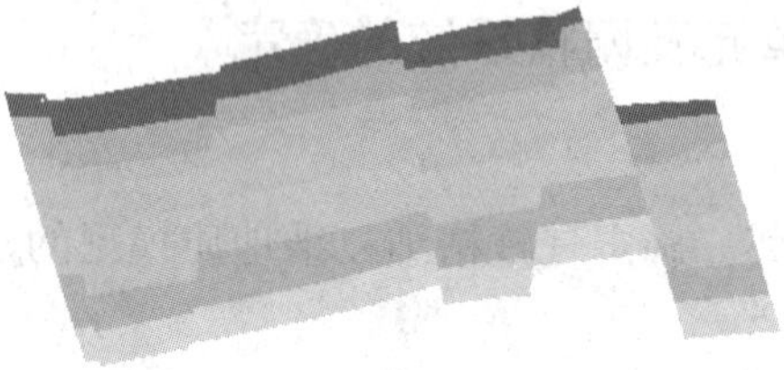

图 2-3 EW 向断层剖面图

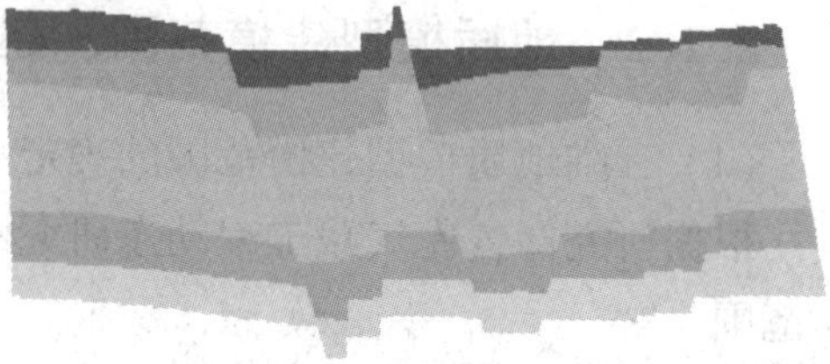

图 2-4 NS 向断层剖面图

(2) 层位模型建立

利用地震解释的地质层位作为趋势约束，对井上单砂体分层数据通过空间插值，建立了各个地质小层分界面模型。

层位模型图见图 2-5。

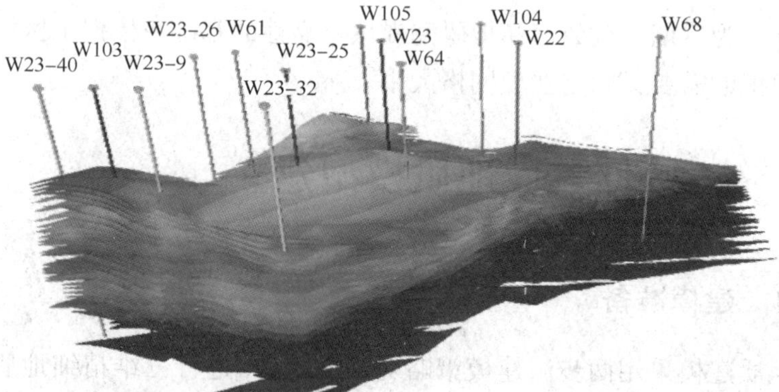

图 2-5 层位模型图

为有效表征储层内部纵向上的非均质性，在建模过程中，需要在纵向上对网格进行细分：前 7 个砂组共 31 个小层，经过细分以后，纵向上细分为 276 个网格。如图 2-6 和图 2-7 所示。

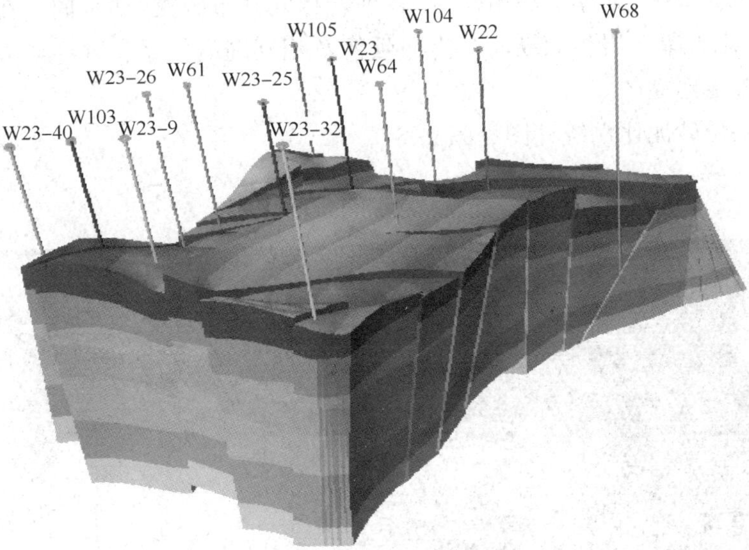

图 2-6　纵向上小层单元(细分前)

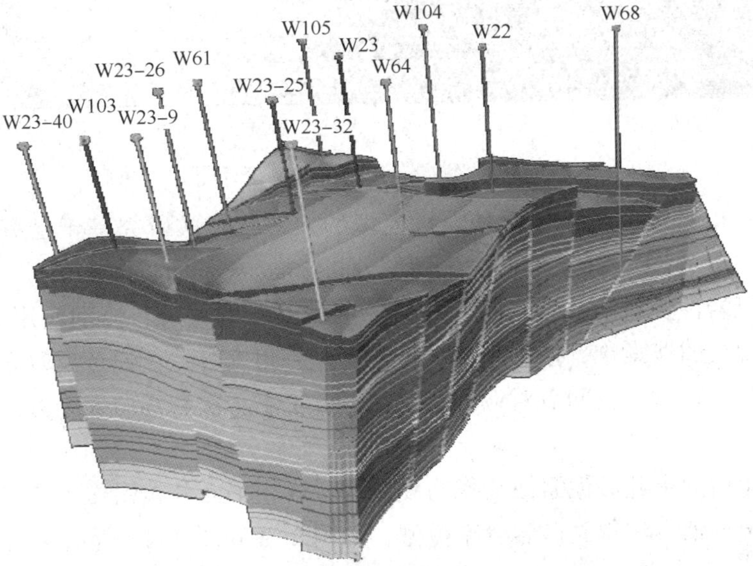

图 2-7　纵向上小层单元(细分后)

2.3.3 砂体骨架模型的建立

在文 23 气库三维地质建模过程中，井间砂体分布形态主要借助井震联合绘制的岩相平面分布图作为约束，以确定性的克里金插值方法来建立砂岩骨架模型。在随机模拟中(如序贯指示模拟)各种岩相的分布函数(如垂向分布比例和变差函数)标志着单个岩相的纵向与横向延伸及相互间的关系，这些函数是在井数据分析基础上建立的。

纵向层位砂泥比例统计图见图 2-8。

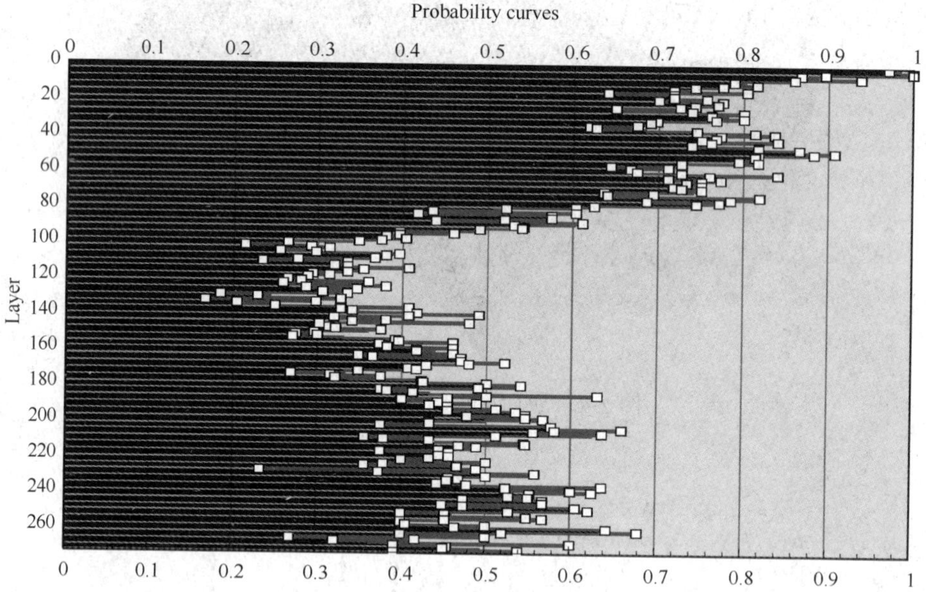

图 2-8　纵向层位砂泥比例统计图

砂泥岩相的分布函数分析是随机模拟的关键，本次研究基于已有的地质概念，统计分析了 31 个小层的砂泥岩相的分布函数。

在进行岩性变差函数拟合时，根据各沉积单元的特征，分别应用球状模型，定义不同规模的搜索锥、搜索步长、步长容差、角度容差，通过反复多次的角度与参数实验，计算出空间点对应的变差，拟合了主、次和垂向 3 个方向变差函数曲线。

以粗化后的单井砂泥岩曲线作为硬数据，岩相平面分布图作为约束，以确定性的克里金插值方法得到砂岩骨架模型，如图 2-9 和图 2-10 所示。

图 2-9　砂岩骨架模型

图 2-10　砂岩骨架栅状模型

2.3.4　属性模型的建立

在砂岩骨架模型的基础上，采用随机模拟或其他地质统计学方法，对测井解释和岩心资料解释的属性参数(如孔隙度)进行空间内插和外推。该方法在储层参数预测时确保了预测结果在井点处忠实于井上的数据，在井点以外则根据储层参数的空间变化规律、参数的分布概率等进行储层参数的预测。

针对不同物性参数特点，采用不同的方法，分别计算得到了孔隙度、渗透率、净毛比等属性参数模型。

（1）孔隙度模型的建立

将孔隙度曲线粗化后，在数据分析及得到的变差函数的基础上，以建立的砂体模型作为约束，以地震反演的波阻抗数据作为协变量，采用序贯高斯协模拟方法，得到 5 个孔隙度模型，通过对 5 个实现做算术平均计算，得到最终的孔隙度模型，如图 2-11 和图 2-12 所示。

图 2-11　孔隙度模型

图 2-12　孔隙度栅状模型

（2）渗透率模型的建立

将渗透率曲线粗化后，在数据分析及得到的变差函数的基础上，以建立的砂体模型作为约束，以孔隙度数据作为协变量，采用序贯高斯协模拟方法，得到 5

个渗透率模型，通过对5个渗透率模型做算术平均计算，得到最终的渗透率模型，如图2–13和图2–14所示。

图2–13 渗透率模型

图2–14 渗透率栅状模型

（3）净毛比模型的建立

以砂岩解释数据为基础，根据单井砂岩有效厚度解释结果，计算得到井上各砂体净毛比。然后将渗透率曲线粗化，在数据分析及得到的变差函数的基础上，以建立的砂体模型作为约束，采用序贯高斯协模拟方法，得到5个净毛比模型的实现，通过对5个实现做算术平均计算，得到最终的净毛比模型，如图2–15和图2–16所示。

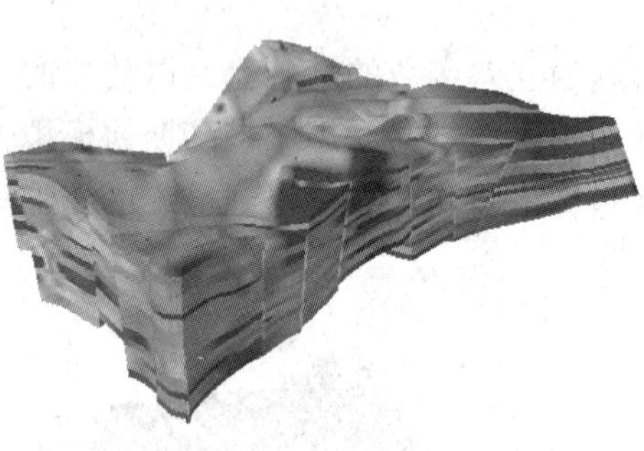
图2–15 净毛比模型

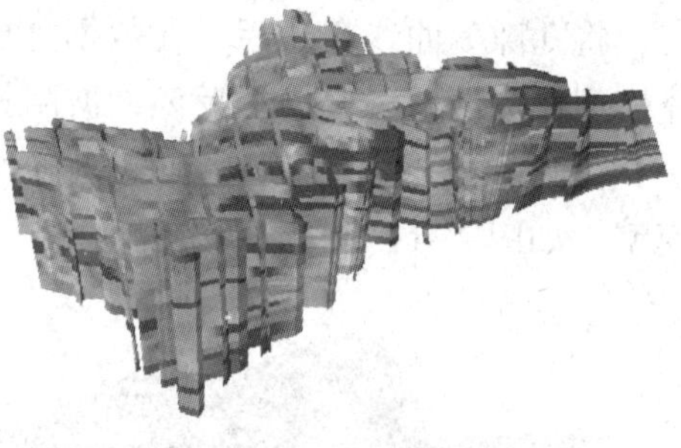
图2–16 净毛比栅状模型

2.3.5 流体模型的建立

以往根据测井解释饱和度插值生成原始含油饱和度模型存在很多问题，一方面测井解释的原始含油饱和度的可信程度值得商榷，另一方面利用软件插值生成的饱和度均不符合地质规律。

本次含气饱和度模型的建立通过收集整理试油试采资料以及生产动态监测资料，对工区内生产井目前气液界面的深度值进行插值，生成气水饱和度界面。在模型中，气水界面以上结合岩心分析资料，生产监测资料，测井解释成果，并参考以往储量上报采取的含气饱和度参数给定含气饱和度为0.55，气水界面以下含气饱和度为0，含水饱和度为1。如图2-17和图2-18所示。

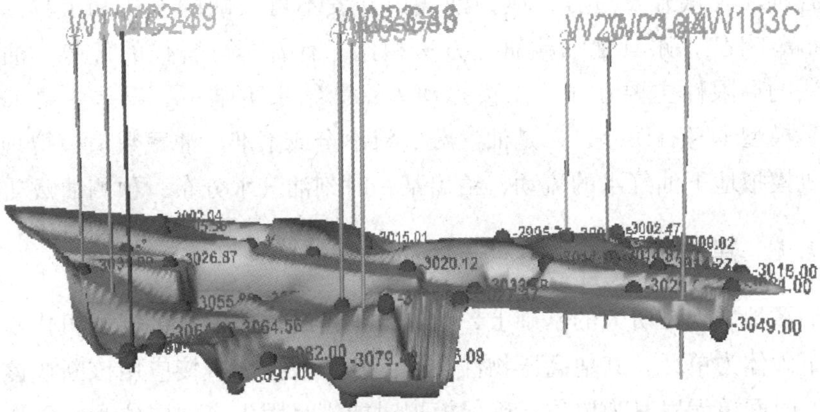

图2-17　气水界面等值图

图2-18　含气饱和度模型

2.4　建立数值模拟模型

油藏数值模拟方法是利用计算机技术模拟地下油气藏开采、驱替的过程，是石油地质人员科学认识、评价油藏的重要技术手段。

现在，油藏数值模拟方法已可用于解决大量的复杂油藏工程问题。如砂岩油藏中考虑油层中各种非均质变化以及重力、毛管力、弹性力等各种作用力的三维三相多井系统的渗流问题，考虑多相、多组分间相平衡关系和传质现象的多相、多组分三维渗流问题等。油藏数值模拟方法不仅在理论上用于探讨各种复杂渗流问题的规律和机理，而且普遍用于开发设计、动态预测、油层参数识别、工程技术问题的优化设计以及重大开发技术政策的研究等。油藏数值模拟方法已经普遍应用于各种油气藏开发过程，成为油气田开发不可或缺的方法和工具，被称作“现代油藏工程”。跟其他油藏研究方法相比，有着不可替代的优势。油藏数值模拟方法的局限性主要在于：①模拟误差；②结果不唯一。误差主要来自两方面，一是模型本身有误差，二是油气藏资料不全或不准。油藏数值模拟理论是利用计算机模拟地下油气水的流动，给出某一时刻油气水分布，预测油藏动态。

2.4.1 建立模型

在油藏地质模型研究的基础上，从 Petrel 建模软件中直接输出粗化模型，纵向上以单砂体为单元，其他高压物性数据、相渗数据等直接应用该断块该层系实验数据，时间单元以月为单位，确保模拟时能满足因生产中层位和频繁作业对时间进一步的要求。

2.4.2 历史拟合

历史拟合的主要目标是完善和验证油藏模拟模型，初始模拟输入数据在一定程度上不能拟合油藏历史动态，以达到精确预测未来动态的目的。历史拟合过程总是使对油藏过程有更好的理解。含水面支撑的平面，流体迁移的路径，以及原油绕流的区域都能在历史拟合过程中得到认识。通过历史拟合，一方面可以求解油藏参数，另一方面可以对油藏动态进行预测，为开发方案的调整提供依据。

(1) 历史拟合的指标

历史拟合的指标主要是那些能反应油藏及单井动态的指标。油藏数值模拟的指标包括：油藏原始地质储量、油藏累计产油量、累计生产气油比、综合含水率、地层平均压力、累计注水量等随时间的变化。油井动态指标包括：瞬时产油量、含水率、产水量、瞬时气油比、累计产油量、累计产水量、井底压力等随时间的变化。水井动态指标包括：瞬时注水量、累计注水量、井底压力随时间的变化。

(2) 历史拟合参数调整范围

油层厚度：经过多次的划分和认定，一般情况下油层厚度误差不大，可以视为确定参数，但由于软件插值带来一些误差，也允许做一些调整。

孔隙度：根据油藏的单井孔隙度统计结果，其值变化范围比较大，在拟合过程中允许个别做一些调整。

渗透率：渗透率在任何油田都是不确定参数，这不仅因为解释和岩芯分析的误差较大，而且根据渗透率的特点，井间渗透率分布也是不确定的，另外由于速敏、水敏、酸敏、盐敏等影响，开发过程中出现增渗或降渗现象，高渗层渗透率越来越大，而低渗层渗透率越来越小，级差进一步加大。因此，对渗透率的修改可调范围相对较大。岩石和流体压缩系数：它们一般变化范围很小，可以作为确定参数处理，但在一定范围内也可以适当做些微调。

相对渗透率曲线：由于油藏模拟网格较粗，网格内部存在着非均质，其影响不容忽视，这与均质的岩芯不同，因此，相对渗透率应作为不定参数。

有效厚度：主要是由于部分小夹层没有被完全分离出来，所以有效厚度的调整为0%~30%。

油水油气界面：在资料不多的情况下，允许在一定范围内修改。油、气、水的高压物性资料：是实验室测定的，为确定性参数。一般认为是准确的，在一定情况下也可以小范围地修改，但需要在各种资料对比的基础上进行修改。

（3）历史拟合参数调整方法

油藏是一个复杂的系统，各个参数的调整都是相互影响的，因此要拟合一个指标，首先要知道哪些参数会影响到这个指标，然后有针对性地调整。

1）油藏储量的拟合

数值模拟方法计算储量和油藏精细描述计算地质储量都是采用容积法，影响储量的因素有含油面积、有效厚度、孔隙度、原始含油饱和度、地面原油黏度、原油体积系数等。含有面积的差异是在建立模型时差值条件不同，导致砂体厚度差值时出现油藏范围扩大或者缩小的现象，这时需要对模型边界进行控制，添加有效厚度零线，或者修改断层边界有效厚度，应该求出地质模型中每个小层的平均有效厚度，并将其与油藏精细描述的结果进行对比，以确定是否进行修改。修改时建议对有效厚度进行整体的校正，而不应该从单井厚度方面进行修改。

地层孔隙度修正方法是：首先求出各个小层的平均孔隙度，然后进行对比以确定是否需要修改。

原始含油饱和度容易出现差异的地方是油水过渡带，对于平衡初始化，可以通过修正毛管压力曲线来校正油水过渡带的油水分布，对于非平均初始化的油水分布，可以手工进行修改。

地面原油密度和原油体积系数是通过高压物性实验获得的，一般比较准确，最好不要进行修改，如果要修改，需要提出确实充分的证据。

2）油层压力的拟合

在数值模拟过程中，需要拟合的压力包括：油层平均压力、压力分布、井底流压。影响整体地层压力水平的因素主要有：综合压缩系数、边界性质、产气量、劈产数据的准确性。

3）油藏综合含水率(气油比)的拟合

含水率和气油比的拟合主要反映了油水和油气之间的分流能力，通过调整相渗曲线来实现。含水率的拟合包括两部分：拟合初始含水阶段的含水率，主要是无水采油期，拟合综合含水率变化趋势。

4）单井含水率的拟合

影响单井含水率的主要因素有：初始状况下井底周围的流体分布、周围注水井注入量、层间的非均质性、井底流动参数等。单井含水率的拟合需要拟合初始的含水率和整个含水率的变化趋势，初始含水率的大小主要取决于单井周围初始的流体饱和度和井所在区域采用的相对渗透率曲线。

5）单井井底压力的拟合

模拟井底压力的大小主要取决于两个方面：一是井底周围地层的性质，二是相邻注水井的注水对应状况。井底周围的地层性质主要指地层的渗透率。生产井井底的渗透率越小，流动耗费的能量越大，相应的井底压力越低；反之，井底压力越高。根据计算的井底压力的高低趋势调整井所在网格的地层渗透率，如果计算的井底压力偏高，则可以适当降低渗透率；反之，应该增加网格的渗透率。除了地层渗透率的影响外，井底的污染状况也显著影响井底压力的计算。这时可以靠修改表皮系数来达到拟合井底压力的目的。在定液量寸产的条件下，增加表皮系数会降低井底的流压，减小表皮系数会增加井底的流压。

针对复杂断块油藏此次油藏数值模拟拟合原则有三个方面：第一，逐井逐层分析注采关系及液流方向进行重点拟合；第二，对开采时间长、注采量大的井进行重点拟合；第三，重点对高含水开发后期进行历史拟合。

2.5 文23储气库数值模型历史拟合

文23储气库数值模拟模型储层参数均来源于文23储气库模型。平面网格步长25m×25m；部分主力层网格步长20m×20m×0.5m，纵向277层，总网格数达到691万。三维构造图如图2-19所示。

采用Eclipse数值模拟软件中VFPi模块，展开对井筒压降的研究。以实测井底流压、井口油压、气量为依据，采用VFPi井筒垂直管流分析软件，通过计算方法优选、压力历史拟合等过程，建立储气库气井注采过程中垂直管流模型，为数值模拟研究提供依据。

图 2-19　数值模拟模型三维构造图

在进行建库前历史拟合工作时，通过修改气藏参数，对比动态历史指标，完成了文 23 气田 40 年的历史拟合工作，压力拟合程度>90%，表明我们数值模拟计算的气藏动态与实际差距较小。部分历史拟合图如图 2-20~图 2-23 所示。

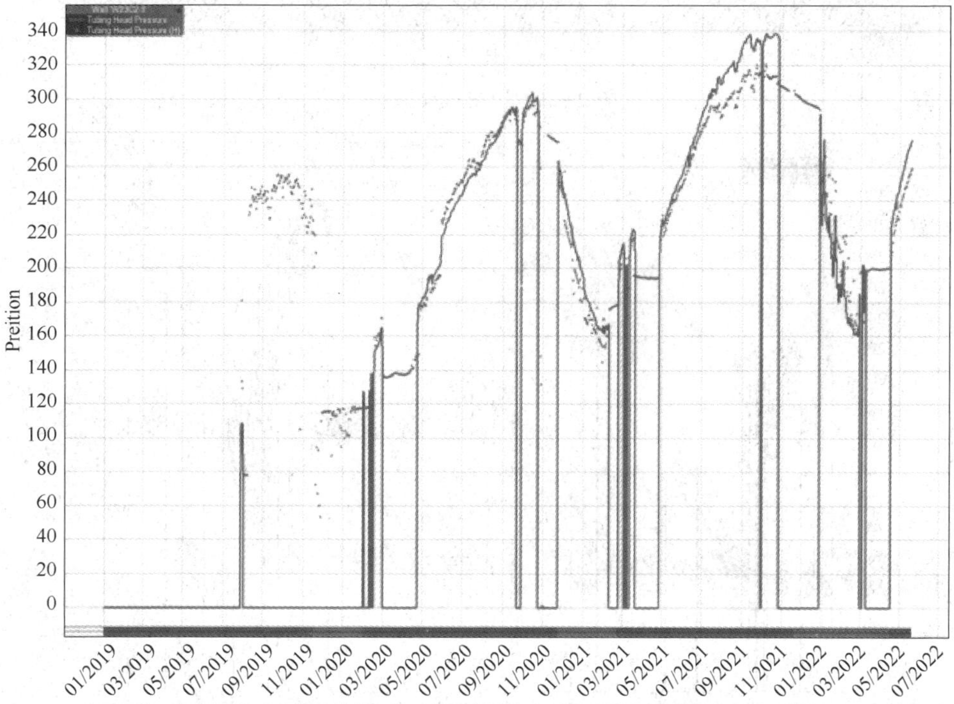

图 2-20　历史拟合图(一)

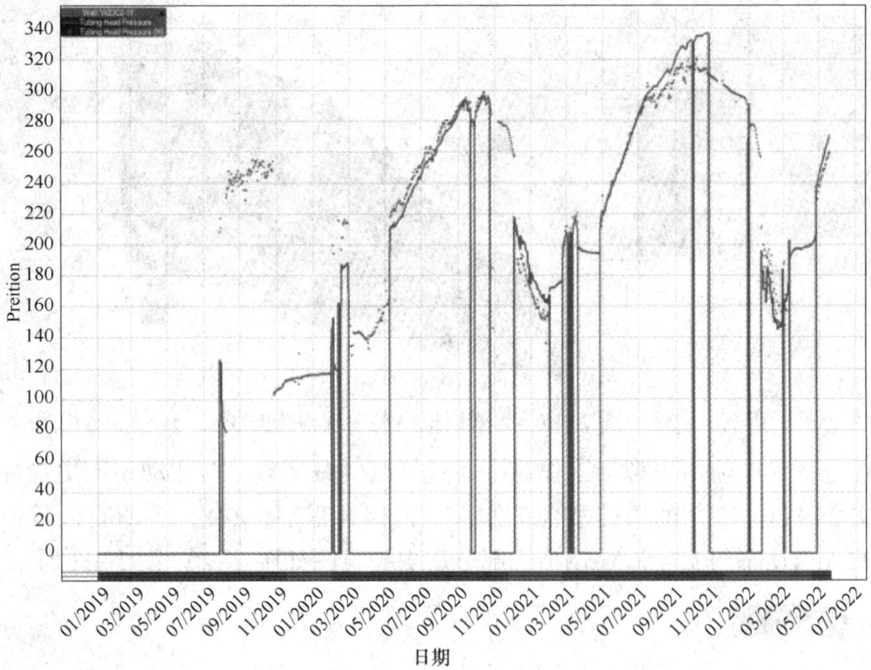

图 2-21　历史拟合图(二)

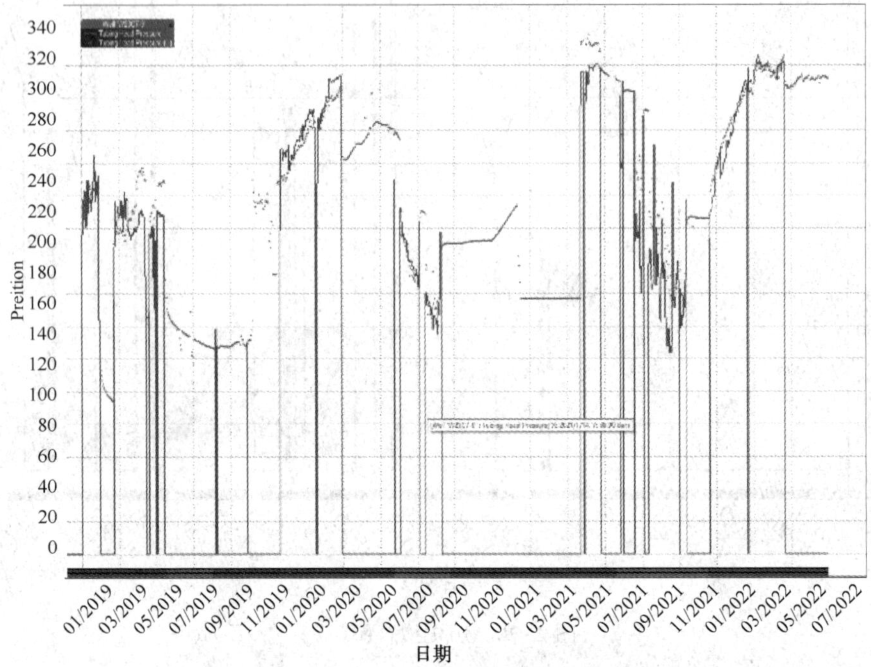

图 2-22　历史拟合图(三)

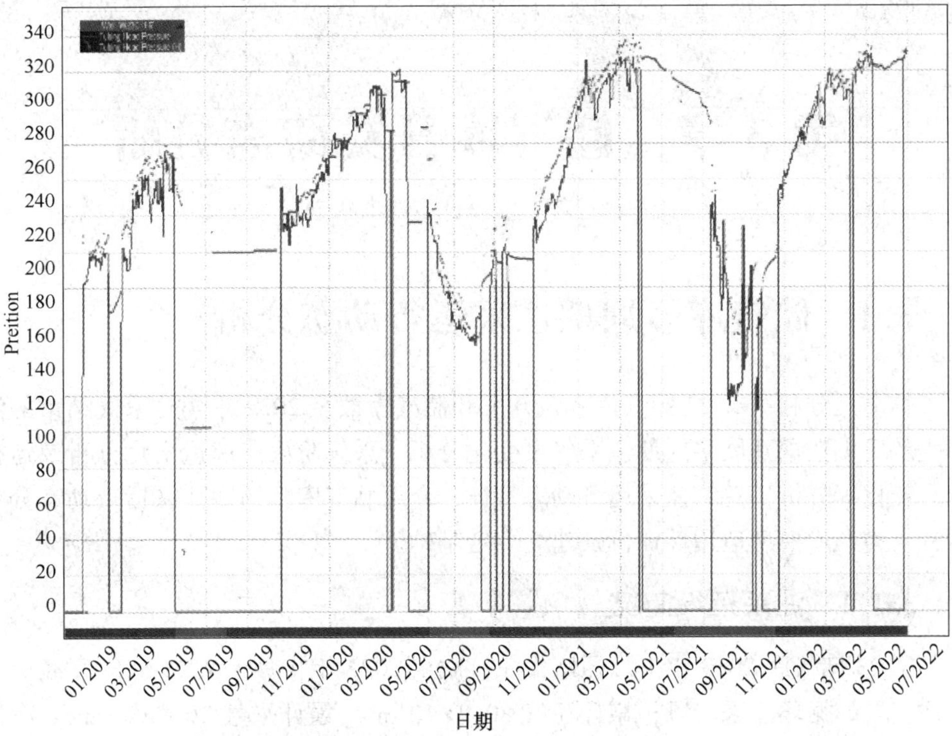
340
320
300
280
260
240
220
200
180
160
140
120
100
80
60
40
20
0
Preition
01/2019
03/2019
05/2019
07/2019
09/2019
11/2019
01/2020
03/2020
05/2020
07/2020
09/2020
11/2020
01/2021
03/2021
05/2021
07/2021
09/2021
11/2021
01/2022
03/2022
05/2022
07/2022
日期

图 2-23　历史拟合图(四)

第3章　储气库开发动态分析

3.1　储气库多周期注采运行动态分析

本书充分利用文23储气库气藏开发和储气库截至2022年4月采气结束的注采生产历史数据开展多周期注采气量变化分析、采气阶段产液量变化分析及运行压力变化等分析，总结注采运行动态特征，介绍储气库多周期注采运行动态分析过程，为盘库模型适用性评价及建立奠定基础。

3.1.1　注采运行简况

文23储气库2019年1月开始投注，截至2022年4月，文23储气库经历了三注三采的循环注采阶段，累计注气 $80.9\times10^8m^3$，累计采气 $26.8\times10^8m^3$，净注气量 $54.1\times10^8m^3$，完成了垫气补充。

2021~2022年周期阶段注气开井57口，开井数占实钻井数的86%，累计注气 $22.2\times10^8m^3$，日均注气 $904.2\times10^4m^3$，其中最大日注气 $1787\times10^4m^3$，达到设计最大日注气量的99.3%；2021~2022年周期阶段采气开井56口，开井数占实钻井数的85%，累计采气 $13.9\times10^8m^3$，日均采气 $1117.0\times10^4m^3$，其中最大日采气 $2433\times10^4m^3$，为设计最大日采气量的81.1%。文23储气库多周期注采运行曲线如图3-1所示。

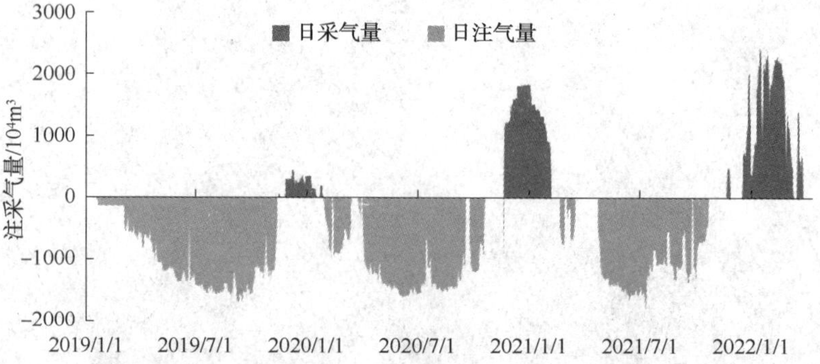

图3-1　文23储气库多周期注采运行曲线

3.1.2 多周期注采气量变化分析

（1）储气库

2019~2020年周期：注气开井69口，注气时间301天，为设计注气天数的151%，注气$30.4\times10^8m^3$，占工作气量的76.0%；采气开井20口，采气时间75天，为设计采气天数的50%，采气$1.6\times10^8m^3$，占工作气量的4.0%。

2020~2021年周期：注气开井56口，注气时间266天，为设计注气天数的133%，注气$28.3\times10^8m^3$，占工作气量的70.7%，累注气量$45.8\times10^8m^3$，完成了垫气的补充；采气开井54口，采气时间78天，为设计采气天数的52%，采气$11.3\times10^8m^3$，占工作气量的28.2%。

2021~2022年周期：注气开井57口，注气时间245天，为设计注气天数的123%，注气$22.2\times10^8m^3$，占工作气量的55.5%；采气开井56口，采气时间124天，为设计采气天数的83%，采气$13.9\times10^8m^3$，占工作气量的34.7%。

文23储气库多周期注采运行参数统计见表3-1。

表3-1 文23储气库多周期注采运行参数统计

注采周期	注气期			采气期		
	生产跨度/天	累计量/10^8m^3	日均量/10^4m^3	生产跨度/天	累计量/10^8m^3	日均量/10^4m^3
2019~2020年	301	30.4	1009.5	75	1.6	208.4
2020~2021年	266	28.3	1064.9	78	11.3	1453.1
2021~2022年	245	22.2	904.2	124	13.9	1117.0
累计	812	80.9	996.3	277	26.8	967.5

从三周期注采运行来看，以多注少采，快速扩容为目的，2019~2020年周期，日均注气$1009.5\times10^4m^3$，第一周期日注量较大；累注气$30.4\times10^8m^3$，也为三周期注气量最大值。由于采气期未采到设计下限压力，随后两周期注气量逐步降低；而采气量方面，第一周期采气量为三周期最低，仅$1.6\times10^8m^3$，随后两周期用气需求变大，累采气量逐步升高。

（2）注采断块

为在有限时间内形成工作气量，2019~2020年周期采取了构造高部位，相对封闭区块集中注采，除2、3井台外，其余井台集中注气，因此2019~2020年周期文22断块、文105断块注气量较高，文109断块、文103断块注气量相对比较低。

2020~2021年周期8个井台注气，由于2、3井台在2019~2020年周期未注气，地层压力低，2020~2021年周期强化注气，2、3井台累注气最多，因此该周期文109、文103断块累注气比例升高，累注气$13×10^8m^3$，占第二周期累注气量的46.2%，而2021~2022年周期因采气未采到下限，该周期不同断块注气量较上周期低；采气方面不同断块采气量各周期呈现逐步升高的趋势。

多周期不同断块注气量统计图如图3-2所示，多周期不同断块采气量统计图如图3-3所示。

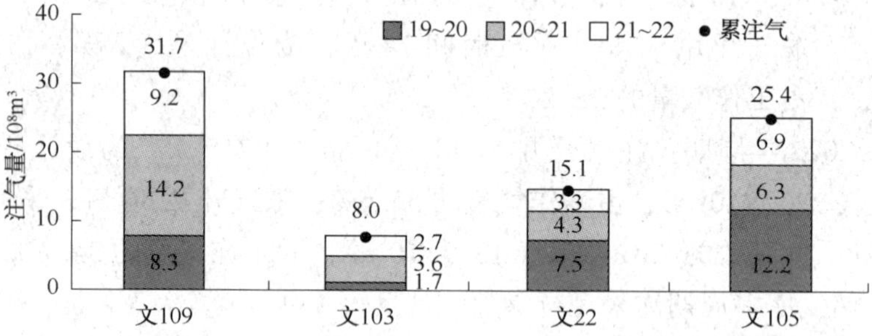

图3-2　多周期不同断块注气量统计图

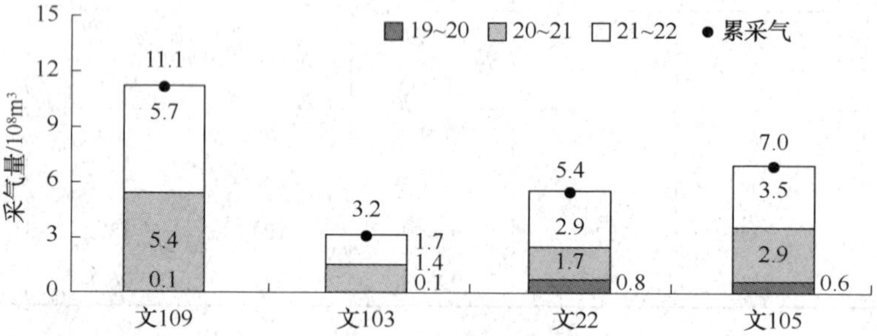

图3-3　多周期不同断块采气量统计图

从累计注采气量整体上来看，文109断块注采气量最高；其次为文105、文22断块，文103断块较低。

不同断块累注(左)累采(右)比例分布图如图3-4所示。

(3) 单井

1) 注气变化

2019~2020年周期，为在有限时间内形成工作气量，单井注气量整体较大，开井62口，单井注气时间介于2~247天，平均注气106天，累计注气$(0.02~1.35)×10^8m^3$，平均$0.47×10^8m^3$。

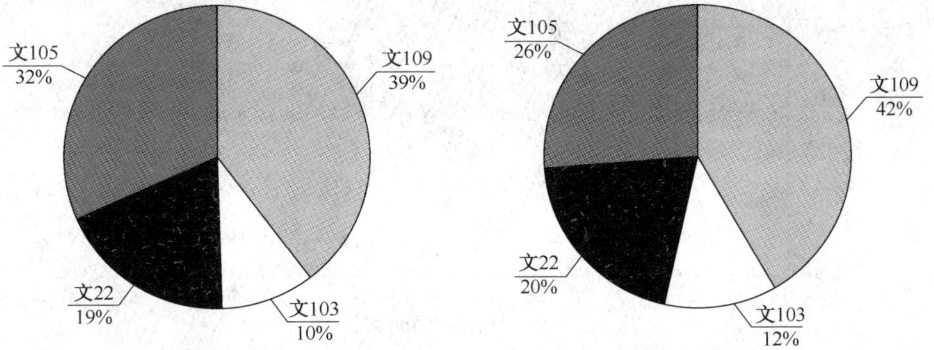

图 3-4　不同断块累注(左)累采(右)比例分布图

2020~2021 年周期开井 56 口，单井注气时间介于 1~239 天，平均注气 158 天，累计注气(0.02~1.09)$\times10^8m^3$，平均 0.51$\times10^8m^3$。

2021~2022 年周期开井 57 口，单井注气时间介于 3~201 天，平均注气 148 天，累计注气(0.01~1.03)$\times10^8m^3$，平均 0.40$\times10^8m^3$。

2020~2021 年与 2021~2022 年周期单井注气量差异较小，整体保持稳定。

多周期单井日注气量变化曲线如图 3-5 所示。

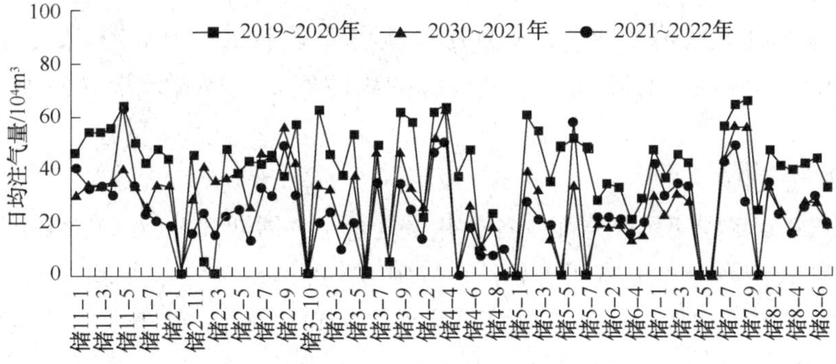

图 3-5　多周期单井日注气量变化曲线

2021~2022 年周期，整体注气时间为 245 天，为设计注气时间的 123%，相对其他周期接近设计，具有代表性。目前周期注气开井 57 口，单井注气时间 3~201 天，平均注气 148 天，单井注气时间差异性较大；单井日均注气量(5.3~64.3)$\times10^4m^3$，平均 25.8$\times10^4m^3$，累注(0.1~1.03)$\times10^8m^3$，平均 0.4$\times10^8m^3$。根据注气时间的差异性，通过研究相同时间段日注气与累计注气量的关系，可以看出日注气量与累计注气量有着较好的正相关性，随着日注气量的增加，累计注气量也逐步升高，如图 3-6 所示。

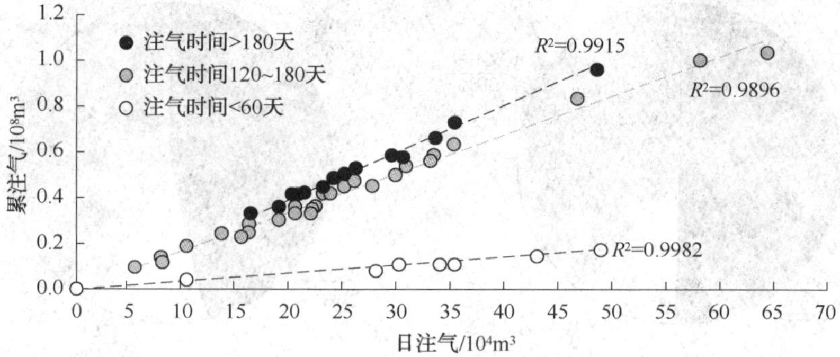

图 3-6 单井日注气-累计注气关系散点图

从图 3-6 中可以看出，单井平均注气时间大于 180 天的井，日注气大于 $35\times10^4m^3$，累注气大于 $0.7\times10^8m^3$；日注气介于$(25\sim35)\times10^4m^3$；累注气介于$(0.5\sim0.7)\times10^8m^3$；日注气小于 $25\times10^4m^3$，则累注气小于 $0.5\times10^4m^3$。

单井平均注气时间介于 120~180 天的井，日注气大于 $40\times10^4m^3$，累注大于 $0.7\times10^8m^3$；日注气介于$(30\sim40)\times10^4m^3$；累注气介于$(0.5\sim0.7)\times10^8m^3$；日注气介于$(20\sim30)\times10^4m^3$；累注气介于$(0.3\sim0.5)\times10^8m^3$；日注气小于 $20\times10^4m^3$，则累注气小于 $0.3\times10^4m^3$。

单井平均注气时间小于 60 天的井，日注气小于 $50\times10^4m^3$，累注小于 $0.3\times10^8m^3$。根据不同注气时间日注水平对应的累注气量，可有效指导后期单井注气量的设计。

2）采气变化

2019~2020 年周期采气方面，各单井采气量小，周期开井 20 口，单井采气时间介于 18~54 天，平均采气 35 天，累计采气$(0.02\sim0.14)\times10^8m^3$，平均 $0.08\times10^8m^3$。

2020~2021 年周期开井 54 口，单井采气时间介于 1~78 天，平均采气 55 天，累计采气$(0.01\sim0.36)\times10^8m^3$，平均 $0.21\times10^8m^3$。

2021~2022 年周期开井 56 口，单井采气时间介于 10~97 天，平均采气 65 天，累计采气$(0.02\sim0.39)\times10^8m^3$，平均 $0.25\times10^8m^3$。

随着用气规模的增加，2020~2021 年周期与 2021~2022 年周期单井采气量逐步上升，两周期整体保持稳定。

多周期单井日采气量变化曲线如图 3-7 所示。

2021~2022 年周期，采气时间整体为 124 天，为设计采气时间的 83%，相对其他周期更接近设计，具有代表性。目前周期采气开井 56 口，单井采气时间 10~97 天，平均采气 66 天，最大采气时间仅为设计的 65%，采气时间不足。

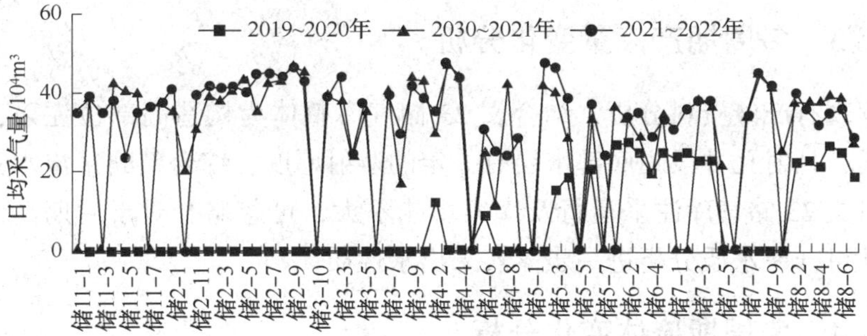

图 3-7　多周期单井日采气量变化曲线

单井采气时间差异性也较大；目前单井日均采气量(23.2~47.7)×10^4m^3，平均 36.9×10^4m^3，累计采气量(0.02~0.39)×10^8m^3，平均 0.3×10^8m^3。根据采气时间的差异性，通过研究相同时间段日采气与累计采气量的关系，可以看出日采气量与累计采气量也有较好的正相关性，随着日采气量的增加，累计采气量也逐步升高，如图 3-8 所示。

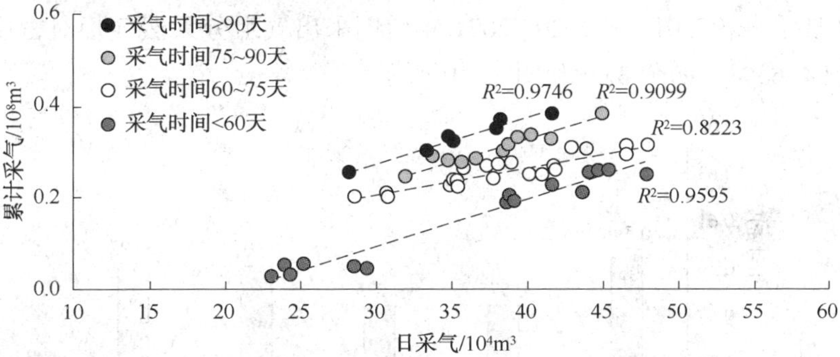

图 3-8　单井日采气-累计采气关系散点图

从图 3-8 中可以看出，单井平均采气时间大于 90 天的井，日采气大于 33×10^4m^3，累采气大于 0.3×10^8m^3；日采气小于 33×10^4m^3，累采气小于 0.3×10^8m^3。

单井平均采气时间介于 75~90 天的井，日采气大于 38×10^4m^3，累采气大于 0.3×10^8m^3；日采气小于 38×10^4m^3，累采气小于 0.3×10^8m^3。

单井平均采气时间介于 60~75 天的井，日采气大于 42×10^4m^3，累采气大于 0.3×10^8m^3；日采气小于 42×10^4m^3，累采气小于 0.3×10^8m^3。

单井平均采气时间小于 60 天的井，日采气大于 40×10^4m^3，累采大于 0.2×10^8m^3；日采气小于 40×10^4m^3，累采气小于 0.2×10^8m^3。

根据不同采气时间日采水平对应的累采气量，可有效指导后期单井采气量的设计。

3.1.3 多周期产液量变化分析

根据现有产液资料分析，结合文23储气库整体为构造高部位注采，注采井距边水远，且射孔井段距底部水层有一定的避射厚度，综合判断采出水为凝析水范畴，对文23储气库注采运行及库容影响不大，可忽略。对于后期高水量、高液气比井可开展水质分析进一步落实采出水性质。

3.1.4 多周期流体变化分析

根据文23气田气藏气质组分资料可知，开发阶段天然气平均相对密度0.598，CH_4含量94.83%，C_2H_6含量1.71%，C_3H_8含量0.40%。

通过2019~2020年周期以及2020~2021年周期的注入气源气质分析资料统计，鄂安沧注入气组分两周期天然气相对密度介于0.575~0.591，平均为0.583，CH_4含量介于94.85%~96.98%，平均为95.92%，平均C_2H_6含量2.71%。根据气库多周期采出气体组分分析，2019~2020年周期采出气组分天然气相对密度0.575，CH_4含量97.01%；2020~2021年周期采出气组分天然气相对密度0.592，CH_4含量94.63%。如图3-9和图3-10所示。

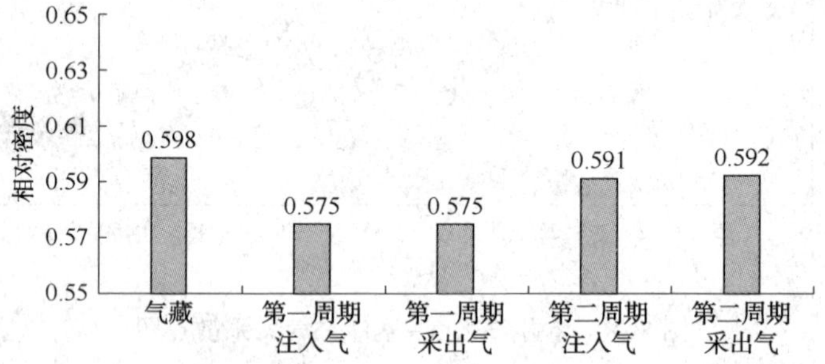

图3-9 天然气相对密度变化图

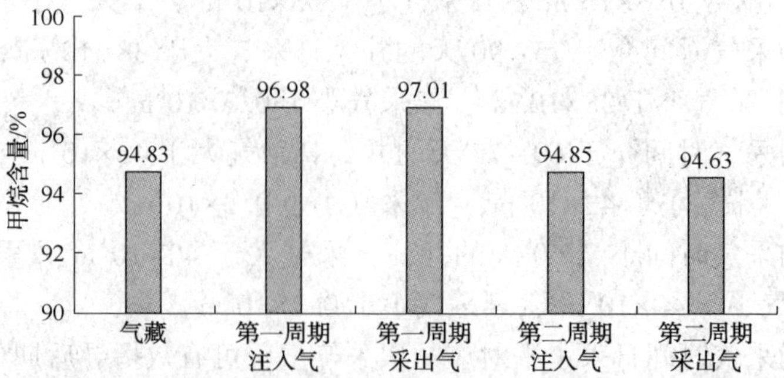

图3-10 天然气CH_4含量变化图

通过与注入气组分对比可知，各周期采出气为注入气，原始气藏对采出气气质组分变化影响不大。

3.1.5 多周期地层压力分析

(1) 压力资料情况

根据收集到的 4 类压力资料如下：

首先为 141 井次气井静压测试资料，其中一期 27 口，二期 1 口；其次为 145 井次气井流压测试资料，其中一期工程井 58 口，二期 2 口(连通区 1 口)；第三为 77 口井单井注采气运行油套压日报资料，其中一期 72 口，二期 3 口(连通区 2 口)；另有储 3-1 等 3 口新井的连续测压资料。

压力测试井位分布统计表见表 3-2。

表 3-2 压力测试井位分布统计表

周期	静压测试			流压测试			油套压测试		
	一期	二期	连通区	一期	二期	连通区	一期	二期	连通区
2019~2020 年周期注气	33			19	1	1	62	3	2
2019~2020 年周期采气	23	1		10			70	3	2
2020~2021 年周期注气	37			42			69	2	2
2020~2021 年周期采气	8			35			68	2	2
2021~2022 年周期注气	21			8			70	3	2
2021~2022 年周期采气							71	3	2
总计	57	1		58	1	1	72	3	2

压力测试井位分布图如图 3-11 所示。

(2) 平均地层压力计算

截至本次项目研究，文 23 储气库仅一期工程完工投运，考虑一、二期连通区初期压力较低，存在一期向此区域压力扩散情况，因此本次压力计算区域充分考虑压力向低压区扩散的影响，计算的储气库压力为一期和连通区整体地层压力。

基于目前收集到的测压资料不同，本次单井的压力计算方法主要为三个步骤。一是有注采期末关井测试静压数据的井，采用实际测试静压；二是没有静压测试数据的井，采用 Clender-Smith 方法，利用关井期末油压计算井底压力；三是将计算的井底压力与实测井底压力对比，从而来验证用井口压力计算井底压力

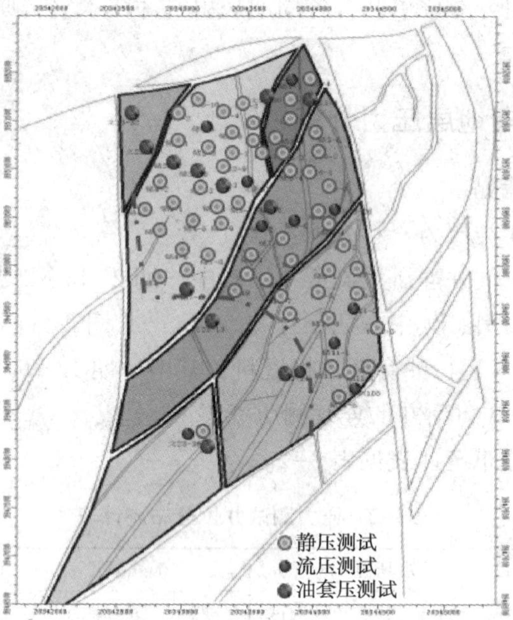

图 3-11　压力测试井位分布图

方法的可靠性。通过交会分析，两者整体相关性很好，65%的样品在趋势线上，说明本次井口压力折算井底压力的方法适用性较高，但也存在部分井点未在趋势线上，通过逐井分析，认为部分井在报表中的油压录取资料出现偏差所致，如图 3-12 所示。

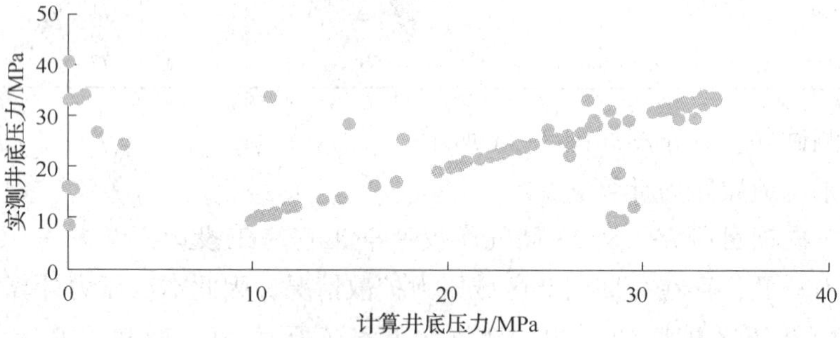

图 3-12　试采地层压力与计算井底压力交会图

部分异常井油压对比统计图如图 3-13 所示。

1）注气末期

根据单井地层压力计算结果，2019~2020 年周期注气末期单井地层压力介于 6.9~30.4MPa，平均地层压力 21.2MPa。

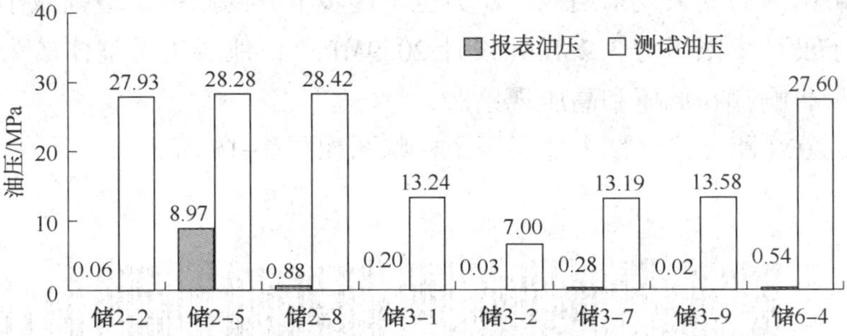

图 3-13　部分异常井油压对比统计图

2020~2021 年周期注气末期单井地层压力介于 4. 3~33. 5MPa，平均地层压力 28. 1MPa，平均地层压力较上周期提升 32. 5%。

2021~2022 年周期注气末期单井地层压力介于 2. 3~36. 8MPa，各井平均地层压力为 34. 9MPa，平均地层压力较上周期提升 24. 2%。

可以看出多周期注气末单井平均地层压力呈逐步上升的趋势，但增幅减缓，目前平均地层压力略低于设计上限压力 38. 6MPa，为设计上限压力的 90. 4%；地层压力整体较为均衡，局部因注气量小存在低压现象。

2021~2022 年周期单井注气期末地层压力柱状图如图 3-14 所示。

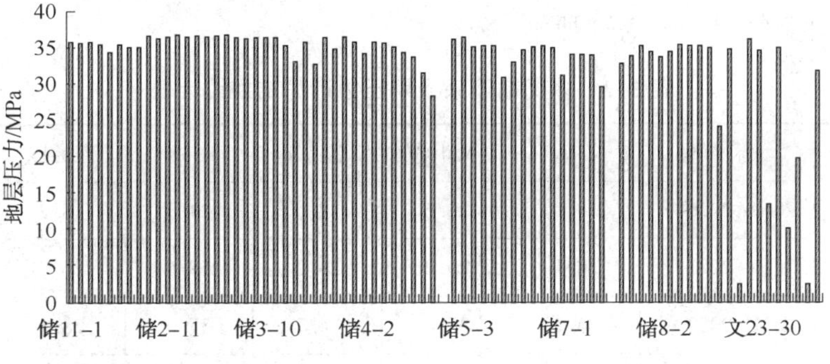

图 3-14　2021~2022 年周期单井注气期末地层压力柱状图

2）采气末期

根据单井地层压力计算结果，2019~2020 年周期采气末期单井地层压力介于 9. 2~27. 5MPa，平均地层压力 18. 2MPa。

2020~2021 年周期采气末期单井地层压力介于 2. 2~30. 6MPa，平均地层压力 22. 1MPa，平均地层压力较上周期提升 21. 4%。

2021~2022 年周期采气末期单井地层压力介于 3. 7~28. 1MPa，各井平均地层压力为 24. 1MPa，平均地层压力较上周期提升 9. 1%。

可以看出多周期采气末期地层压力也呈逐步上升的趋势，增幅减小，目前地层压力高于设计下限压力 3.2MPa(设计 20.9MPa)；地层压力整体较为均衡，局部受采气量影响存在低压和高压现象。

2021~2022 年度采气期末地层压力柱状图如图 3-15 所示。

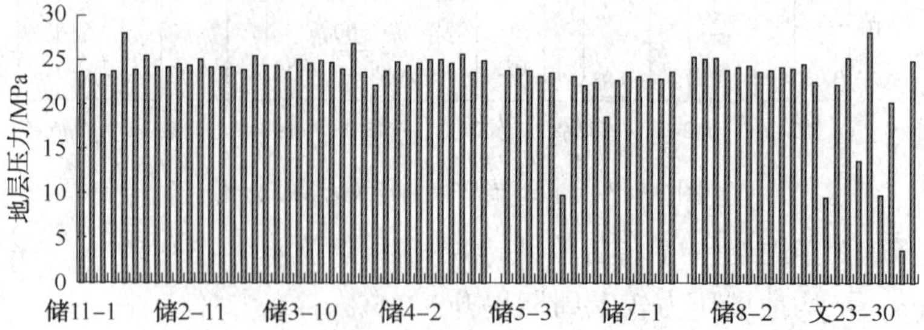

图 3-15　2021~2022 年度采气期末地层压力柱状图

断块及气库的地层压力计算可以分为两个块来计算，其中对于一期注采区，以单井不同周期的注采气量为权重，以不同断块及气库为单元，分别加权计算各周期地层压力。

对于一、二期连通区，考虑到没有注采气量，本次研究根据老井压力测试资料，结合区块含气面积及储量分布特征，预测各周期地层压力，各周期注采末期地层压力计算结果如表 3-3 所示。

表 3-3　多周期注采末期压力计算结果统计表　　MPa

注采阶段	注采周期	文 109	文 103	文 22	文 105	连通区	储气库
注末	2019~2020 年	18.8	20.6	24.0	24.3	18.2	18.3
	2020~2021 年	30.1	29.0	29.2	28.6	26.8	29.7
	2021~2022 年	34.2	35.8	34.7	35.0	28.1	34.1
采末	2019~2020 年	18.5	12.9	21.4	21.5	17.4	17.5
	2020~2021 年	24.8	22.1	22.4	23.0	22.6	23.8
	2021~2022 年	27.2	26.1	24.6	24.1	24.3	26.6

(3) 地层压力评价

1) 储气库

气库建库前地层压力为 4.5MPa，设计上限压力为 38.6MPa，下限压力为 20.9MPa，根据多周期运行压力分析，目前气库通过多注少采，逐步扩容，注末压力由 18.3MPa 逐步上升至 34.1MPa，总增幅 86.3%；采末压力由 17.5MPa 逐步上升至 26.6MPa，总增幅 52.0%，如图 3-16 所示。和设计相比目前周期注末压力为上限的 88.3%，采末压力与设计相比，仍有 27.3%的下降空间，分析主要原因为注采井生产时间不足，目前的井网仍不完善所致。

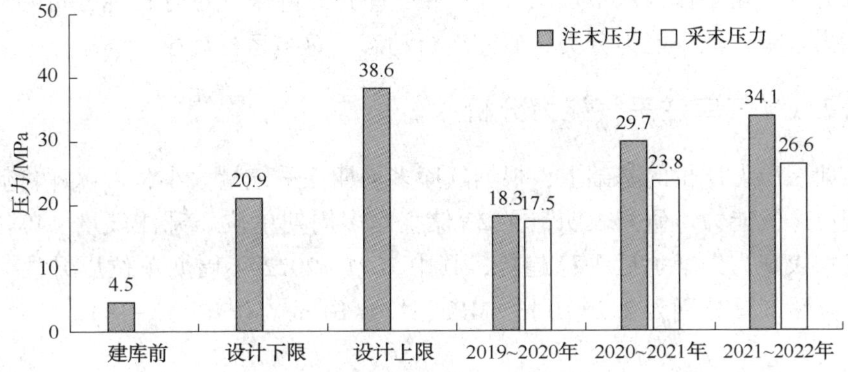

图 3-16 多周期运行压力分析图

2）注采断块

建库前，除文 103 断块压力相对较高为 8.9MPa 以外，文 109、文 22、文 105 断块地层压力介于 3.2~3.4MPa，基本为同一水平。

根据各断块不同周期运行压力分析图(图 3-17)来看，随着注采周期运行，不同断块间压力差异逐渐减小，表明气库整体连通性较好。文 109、文 103、文 22、文 105 断块 2021~2022 年周期注末压力介于 34.2~35.8MPa，基本在同一水平；而采末压力介于 22.1~27.2MPa，采末压力差异较为明显，主要受不同断块采气强度不同所致。

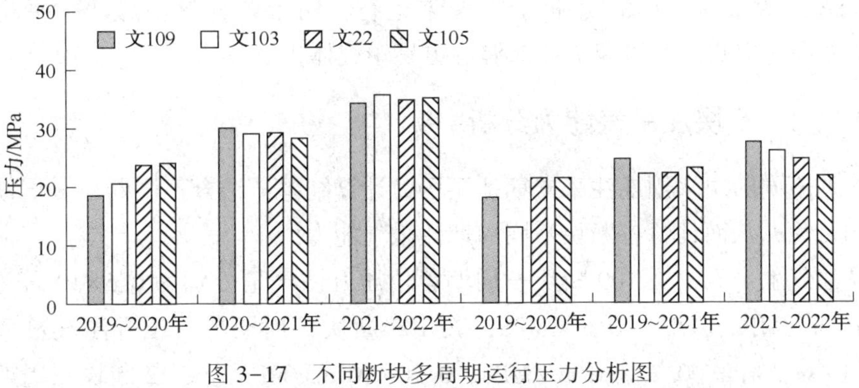

图 3-17 不同断块多周期运行压力分析图

3.2 储气库多周期注采能力分析

在储气库注采运行动态特征分析基础上，根据多周期注采气量以及注采末期地层压力的变化规律，从单位压升注气量、单位压降采气量等指标分析储气库注采气能力、单井注采能力分类，研究运行动态，总结运行规律。

3.2.1 气库注采气能力分析

在地层压力评价的基础上，根据气库多周期注采气量大小，可以评价储气库多周期注采气能力。研究表明，文 23 储气库多周期单位压升注气量、单位压降采气量均表现为先增加后平稳趋势，其中 2021～2022 年周期单位压升注气量和单位压降采气量分别为 2.2×10^8m^3/MPa、1.9×10^8m^3/MPa(图 3-18)。

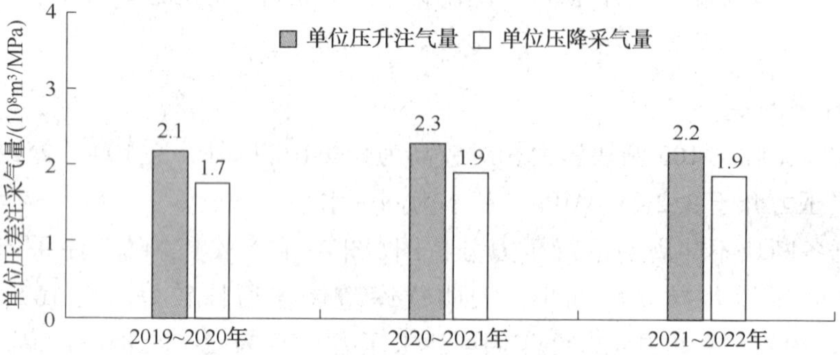

图 3-18 气库多周期注采能力变化图

从注气和采气的对比上来看，单位压升注气量比单位压降采气量多周期分别高 22.1%，19.6%，16.8%，但随着注采运行，两者差异逐渐减小，平均高出 20.7%左右，推测注气时间长低渗储层更易于气体扩散。

3.2.2 断块注采气能力分析

根据不同断块多周期注采末期地层压力计算结果，结合不同断块多周期注采气量的变化，从而评价各断块不同周期注采气能力。

从注气上来看，文 109 断块三周期单位压升注气量分别为 0.5×10^8m^3/MPa、1.2×10^8m^3/MPa、1.3×10^8m^3/MPa；文 103 断块三周期单位压升注气量分别为 0.12×10^8m^3/MPa、0.22×10^8m^3/MPa、0.20×10^8m^3/MPa；文 22 断块三周期单位压升注气量分别为 0.3×10^8m^3/MPa、0.6×10^8m^3/MPa、0.6×10^8m^3/MPa；文 105

断块三周期单位压升注气量分别为 0.53×10^8m^3/MPa、1.0×10^8m^3/MPa、1.1×10^8m^3/MPa，可以看出不同断块单位压升注气量均为逐步上升的变化规律(图 3-19)。

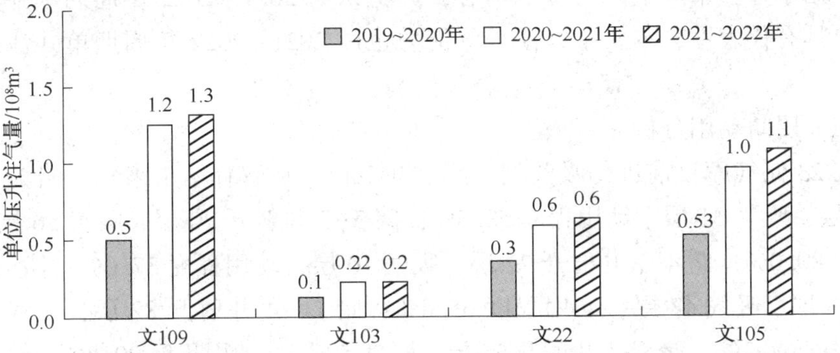

图 3-19　多周期不同断块注气能力柱状图

从采气上来看，文 109 断块三周期单位压降采气量分别为 0.2×10^8m^3/MPa、1.2×10^8m^3/MPa、1.2×10^8m^3/MPa；文 103 断块三周期单位压降采气量分别为 0.02×10^8m^3/MPa、0.2×10^8m^3/MPa、0.2×10^8m^3/MPa；文 22 断块三周期单位压降采气量分别为 0.3×10^8m^3/MPa、0.6×10^8m^3/MPa、0.6×10^8m^3/MPa；文 105 断块三周期单位压升注气量分别为 0.5×10^8m^3/MPa、1.0×10^8m^3/MPa、1.0×10^8m^3/MPa，不同断块单位压降采气量变化规律也均为逐步上升的趋势(图 3-20)。

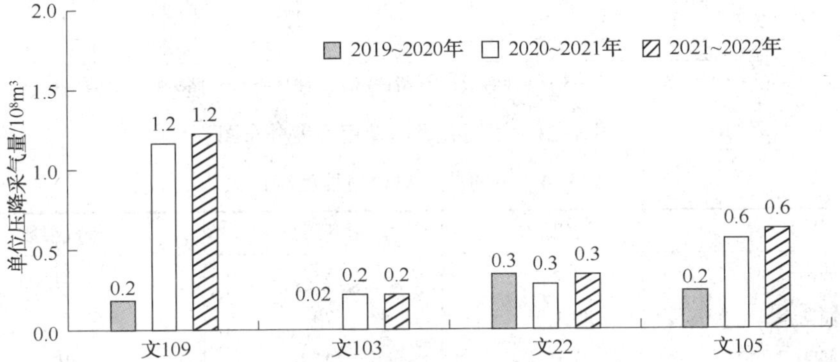

图 3-20　多周期不同断块采气能力柱状图

综合注气和采气能力来看，文 109 断块、文 105 断块注采能力较高；文 22 断块注采能力中等；文 103 断块注采能力较低，并且文 109、文 103 断块注采较为均衡，文 22、文 105 断块注气能力比采气能力略高。

3.2.3 单井注采气能力分析

根据单井注采气量评价章节内容，分析认为2021～2022年周期单井的注采气量更具有代表性，本次单井注采气能力也以2021～2022年周期单井注采现状来评价。

(1) 层间动用分析

文23储气库目前进行吸气剖面测试井7口，从解释结果来看，储2-3井射开53层，吸气31层，动用程度58.5%；储3-8井射开70层，吸气56层，动用程度80.0%；储4-7井射开27层，吸气10层，动用程度37.0%；储11-8井射开73层，吸气48层，动用程度65.8%；储11-4井射开82层，吸气56层，动用程度68.3%；储8-4井射开65层，吸气59层，动用程度90.8%；储5-4井射开41层，吸气33层，动用程度80.5%，7口单井纵向层位动用程度介于37.0%～90.8%，平均动用程度为71.3%，动用程度对单井井控半径有一定影响，从而一定程度上降低井控库存量，如图3-21和表3-4所示。

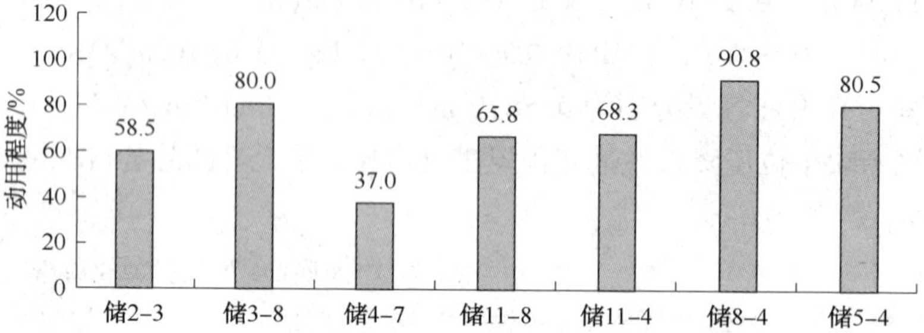

图3-21 不同井纵向动用程度分布图

表3-4 不同井纵向动用程度统计表

井号	动用程度/%	射开层数	吸气层数
储2-3	58.5	53	31
储3-8	80.0	70	56
储4-7	37.0	27	10
储11-8	65.8	73	48
储11-4	68.3	82	56
储8-4	90.8	65	59
储5-4	80.5	41	33
平均	71.3	411	293

从各砂层组吸气厚度来看，吸气层主要为沙四[4]、沙四[5]砂层组，两个砂层组吸气厚度占比在70%以上，其次为沙四[6]砂层组，吸气厚度占比在17.9%；再从吸气量上来看，吸气量较大的砂层组也是沙四[4]、沙四[5]，占比70%以上，其次为沙四[6]砂层组，吸气量占比在11.9%，而沙四[3]、沙四[7-8]砂层组吸气能力较低，可以看出层间存在一定程度的非均质性，如图3-22所示。

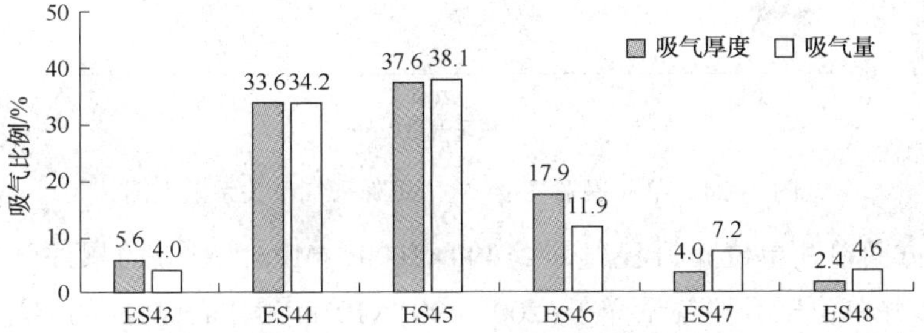

图3-22　不同砂层组吸气比例分布图

（2）注采能力分类

2021~2022年周期单井单位压升注气量介于(53.8~947.7)×10^4m^3/MPa，平均349.6×10^4m^3/MPa；单位压降采气量介于(15.3~449.9)×10^4m^3/MPa，平均208.8×10^4m^3/MPa。由于多注少采，储层非均质性特征，单井间、注采间存在差异，单井间最大注气能力为最小注气能力的17倍；最大采气能力为最小采气能力的29倍；而注采间平均单井注气能力为平均单井采气能力的1.6倍。根据单井注采气能力的差异性，本次通过分析单井累注采气量与单位压差注采气量的关系，将注采气井进行分类。

通过交会分析图(图3-23、图3-24)可以看出，单井累注采气量与单位压差注采气量两者的相关性较好，不同气井的分布具有差异性，单井累注采气量与单位压差注采气量的临界点比较明显。

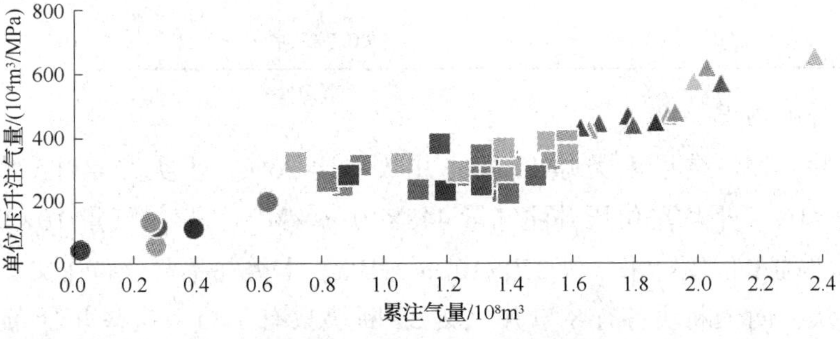

图3-23　单井累注气量-单位压升注气量关系散点图

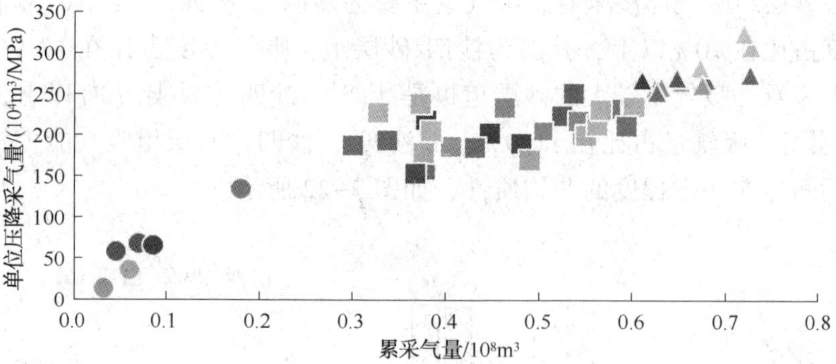

图 3-24 单井累采气量-单位压降采气量关系散点图

注气方面单井单位压升注气量≥400×10^4m^3/MPa，对应的累注气量≥1.6×10^8m^3；单井单位压升注气量介于(200~400)×10^4m^3/MPa，对应的累注气量介于(0.7~1.6)×10^8m^3；单井单位压升注气量<200×10^4m^3/MPa，对应的累注气量<0.7×10^8m^3。采气方面也具有明显的对应性，单井单位压降采气量≥250×10^4m^3/MPa，对应的累采气量≥0.6×10^8m^3；单井单位压降采气量介于(150~250)×10^4m^3/MPa，对应的累采气量介于(0.3~0.6)×10^8m^3；单井单位压降采气量<150×10^4m^3/MPa，对应的累采气量<0.3×10^8m^3。

通过以上参数将气井注采能力分为三类，见表3-5。

表3-5 单井注采气能力分类统计表

分类标准					分类结果	
类型	单位压升注气量/(10^4m^3/MPa)	单位压降采气量/(10^4m^3/MPa)	累注气量/10^8m^3	累采气量/10^8m^3	井数/口	占比/%
Ⅰ	≥400	≥250	≥1.6	≥0.6	17	26
Ⅱ	200~400	150~250	0.7~1.6	0.3~0.6	33	50
Ⅲ	<200	<150	<0.7	<0.3	16	24

(3) 分类结果

Ⅰ类井：评价结果Ⅰ类井17口，井数占比26%，Ⅰ类井累注气量31×10^8m^3，占比41%，平均单位压升注气量448×10^4m^3/MPa；累采气量10×10^8m^3，占比37%，平均单位压降采气量250×10^4m^3/MPa。Ⅰ类井主要分布在文109断块和文105断块，两个断块各有8口井，文22断块只有1口，这些井分布的特点为区域储层条件比较好，对应的气藏开发阶段为高产区(图3-25)。

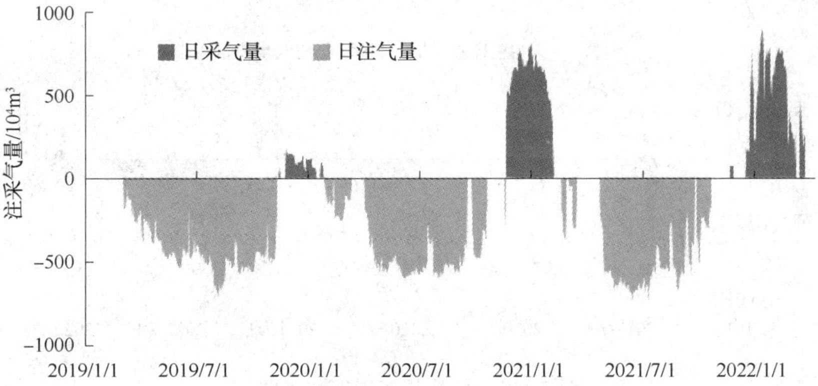

图 3-25　Ⅰ类井多周期注采曲线

Ⅱ类井：评价结果Ⅱ类井 33 口，井数占比 50%，Ⅱ类井累注气量 $44\times10^8m^3$，占比 56%，平均单位压升注气量 $282\times10^4m^3/MPa$；累采气量 $16\times10^8m^3$，占比 60%，平均单位压降采气量 $232\times10^4m^3/MPa$。Ⅱ类井主要分布以文 109 断块(15 口)为主，文 22 断块 9 口，文 105 断块 7 口次之，文 103 断块为 2 口，这些井主要分布在高渗带的边部，储层条件中等，对应的气藏开发阶段为中-高产区(图 3-26)。

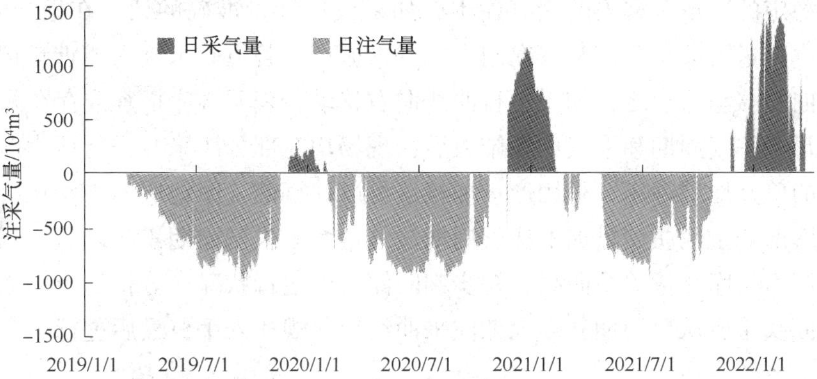

图 3-26　Ⅱ类井多周期注采曲线

Ⅲ类井：Ⅲ类井评价 16 口，井数占比 24%，Ⅲ类井累注气 $3\times10^8m^3$，占比 4%，平均单位压升注气量 $83\times10^4m^3/MPa$；累采气 $0.8\times10^8m^3$，占比 3%，平均单位压降采气量 $103\times10^4m^3/MPa$(图 3-27)。

图 3-27　Ⅲ类井多周期注采曲线

3.3　储气库扩容分析

储气库以注采循环的方式运作，对于不同的两年，循环中的相同点(或相似点)可以互相比较。如果这些点相同，表明不存在漏失。但在多周期注采运行中历年的操作不同，要比较循环中完全相同的点，通常是不可能的。因此，有时必须进行插值或做其他校正才能得到有效的比较。

在稳定的、没有漏失的储气库中，如果气体计量准确的话，在很长时间里，压力与库存量的关系曲线基本在同一区域内循环。若边底水侵入或计量误差，运行曲线向左移动；反之，如果运行曲线向右移动，表明气库扩容或存在漏失。

在每个注气周期和采气周期结束后，现场均对部分注采井进行压力测试，录取稳定的单井地层静压，采用产量加权法可以计算储气库地层的平均压力；库存量即建库前剩余地质储量加上注气周期注气量减去采气周期累产气量。据此得到视地层压力与库存量关系曲线，初步判断储气库运行状况。分析运行压力与库存量关系曲线主要从单周期和多周期注采曲线变化规律入手，最后进行综合判断。

3.3.1　多周期注采运行曲线分析

随着生产周期数增加，储气库实际库存量增加。每一生产周期注气期末所对应的横坐标数值即为当期地下储气库的最大库存量值。每一生产周期采气期末所对应的横坐标数值即为当期地下储气库的最小库存量值。

注气曲线与横轴夹角越小即斜率越小，表明扩容速率越快、压力提升越慢、注气弹性产率越大；注气曲线沿横轴距离越长，表明注入气量越多。注气曲线与纵轴夹角越小距离越长，表明注气期压力提升越快越多。

采气曲线与横轴夹角越小即斜率越小，表明缩容速率越快、压力降落越慢、采气弹性产率越大；采气曲线沿横轴距离越长，表明采气期采出气量越多。采气曲线与纵轴夹角越小距离越长，表明采气期压力下降越快越多。

同一生产周期内注采曲线下部开口越大，表明生产周期内累计注气量与累计采气量差值越大，地下储气库存气量越多、扩容越多。

从绘制的视地层压力与库存量曲线(图 3-28)来看，运行曲线整体向右移动，说明储气库仍处于扩容阶段，各周期注气曲线与横轴的距离均比采气曲线与横轴的距离大，说明储气库为多注少采的运行模式。

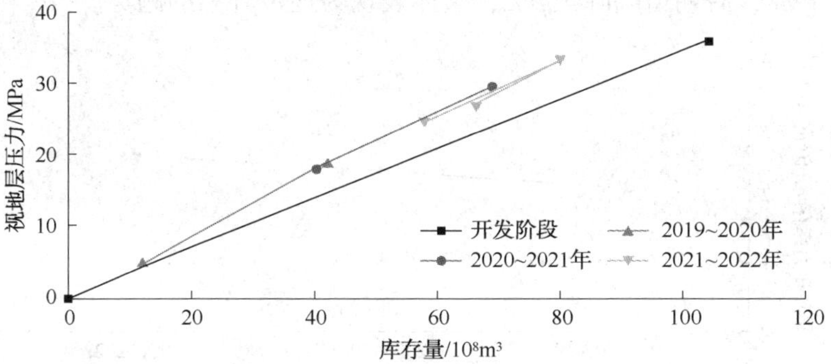

图 3-28 视地层压力与库存量曲线

从各周期上来看，2019～2020 年周期注气曲线斜率与采气曲线斜率几乎一致，说明在 2019～2020 年周期注采气能力较为均衡，但注采曲线间开口较大，表明注气量远大于采气量；2020～2021 年周期注气曲线斜率与采气曲线斜率开始出现一定差异，采气曲线斜率大于注气曲线，而且注采曲线间的开口较第一周期变小，说明在 2020～2021 年周期采气能力得到提高，阶段采气量也开始增加；到了 2021～2022 年周期采气曲线斜率也是比注气曲线斜率大，注采曲线间开口再次降低，说明采气逐步在增加，在 2021～2022 年周期末期注采曲线尚未完全重合，且未与气藏开发阶段视地层压力与库存量关系曲线重合，说明储气库在现有注采井网条件下尚未稳定，仍处于扩容阶段。

3.3.2 多周期注采运行扩容分析

从视地层压力与库存量曲线来看，曲线整体向右移动，按照常规认识定性判断，认为储气库以扩容为主。但通过细致深入分析后，我们认为曲线整体向右移动存在两种可能，一是气库扩容，二是气库漏失。那么经过多周期运行后，究竟是扩容还是漏失单从此曲线还无法判断。

通过收集和检索大量国内外文献，前期研究成果基于单位视地层压力库存量、库存增量与时间关系建立了一套评价储气库扩容、漏失和稳定状态方法，认为当单位视地层压力库存量、库存增量均呈增加趋势时，储气库扩容；当单位视地层压力库存量增加，而库存增量平稳时，储气库漏失；当单位视地层压力库存量、库存增量均保持平稳趋势时，储气库已基本稳定。

首先通过研究文23储气库完整的注采气周期内单位视地层压力库存量变化曲线(图3-29)，可以看出多周期注采阶段单位视地层压力库存量初期增幅大，后期有所减缓，其中注气阶段初期增幅在30%，后期增幅降至10%；采气阶段初期增幅在12%，后期增幅降至9%，整体表现为逐步升高的趋势。

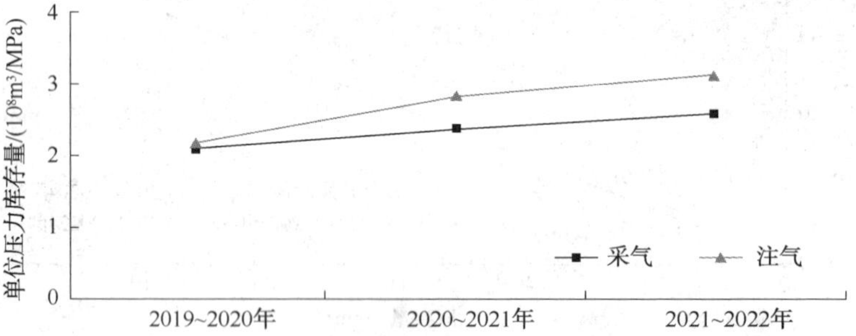

图3-29　单位视地层压力库存量曲线

再次通过研究单位视地层压力与库存增量曲线(图3-30)，可以看出多周期单位视地层压力与库存增量初期为增加趋势，注气阶段增幅在35%左右，采气阶段增幅在19%左右；而后期不论注气阶段还是采气阶段单位视地层压力库存增量均变化不明显，与上周期相比增幅仅为1%~3%，综合分析认为储气库以扩容为主，可能存在一定的漏失风险。

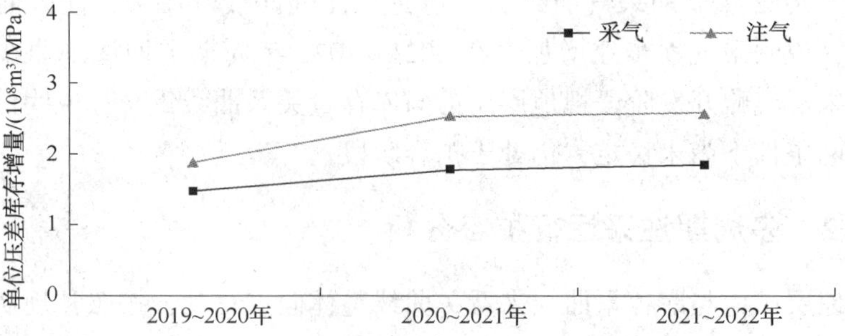

图3-30　单位视地层压力库存增量曲线

3.4 储气库断层密封性分析

地质上通常采用断层两盘接触关系分段判断断层封闭性方法来评价断块内部小断层的封闭性。通过分析断层两盘岩性配置关系，认为文 23 储气库存在四种接触关系，分别为气砂–盐接触、气砂–泥接触、气砂–气砂接触、气砂–水砂接触，如图 3–31 所示。

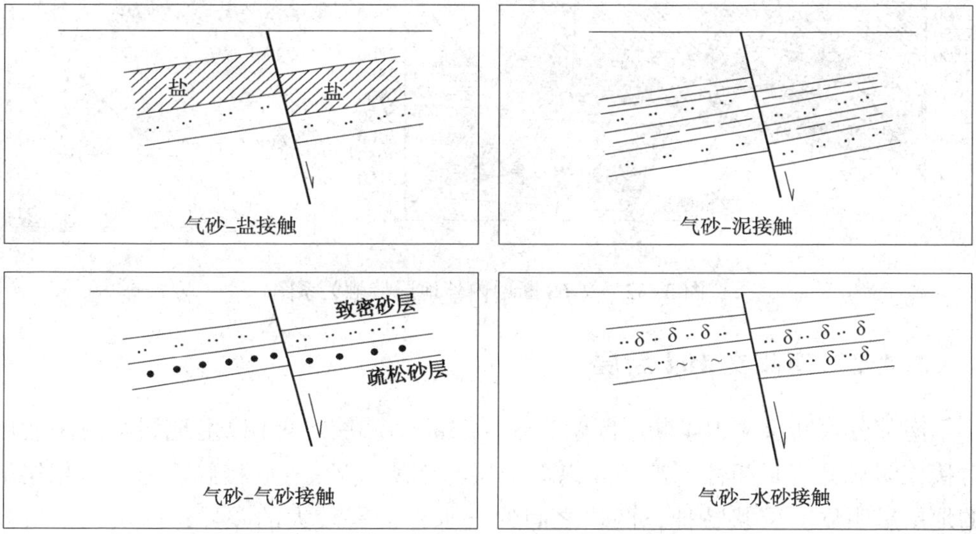

图 3–31　文 23 储气库断层两盘岩性配置模式图

其中，气砂–盐接触、气砂–泥接触方式表现出断层具有明显的封闭性；气砂–水砂接触方式由于气、水流动性质的差异和断层泥的作用使水难以逾越断层而与气层连通，表现出一定的封闭性；气砂–气砂接触方式可能会使断层不具有封闭性，但由于涂抹作用、碎裂作用和成岩胶结作用，塑性的泥质物或其他非渗透性岩层被拖拽进断层带敷在断层面上，降低了断层带的渗透性，也会使断层具有封闭性。因此需结合动态方面来验证断层的密封性，本书通过监测井的压力变化情况综合分析文 23 储气库东、南、西三条边界断层的密封性情况。

3.4.1 西侧文 68 断层

西块与主块分块断层文 68 断层断距为 40～175m。其中西块中南部沙四^{3}以上地层与主块盐层对接，沙四^{3}以下地层与主块为气砂–气砂接触关系。西块北部沙四^{2}以上地层与主块为砂–泥接触，沙四^{2}以下地层与主块为气砂–气砂接触关系。

西块与主块气砂-气砂接触层位均为物性差、渗透率较低的地层。西块与主块的气水界面具有明显的差异，从南到北均在 50m 以上，文 68 断层具有一定的封闭性。文 68 断层内外地层接触关系图如图 3-32 所示。

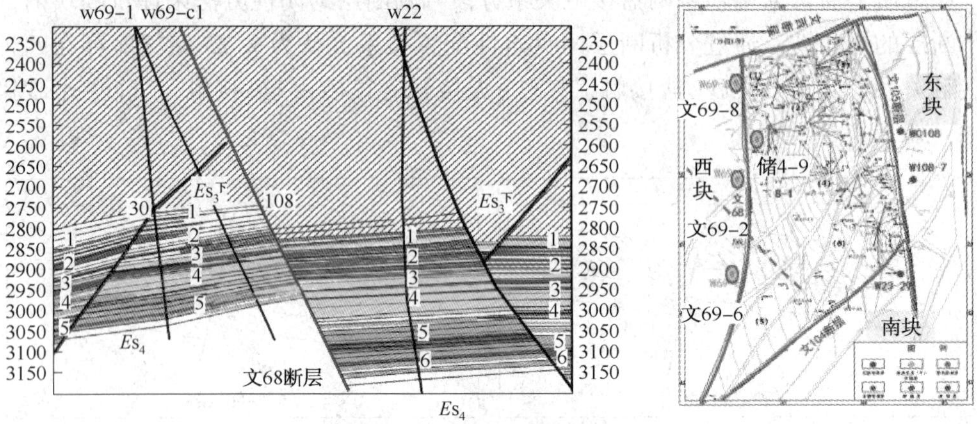

图 3-32　文 68 断层内外地层接触关系图

3.4.2　南侧文 104 断层

南部分块断层文 104 断层断距为 65~85m，主块沙四 4 以上地层与南块盐层对接，明显具有封闭性。沙四 4 以下地层与南块气砂-气砂接触，但两盘相接触的地层呈明显的层状特征，两块之间的气水界面有较大的差异，南块比主块高 50m 以上，明显属于两个压力系统。因此，文 104 断层具有较强的封闭性。文 104 断层内外地层接触关系图如图 3-33 所示。

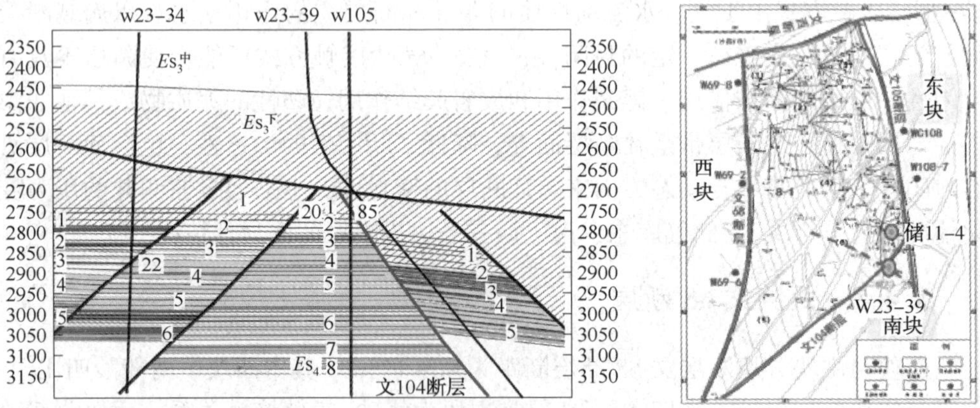

图 3-33　文 104 断层内外地层接触关系图

3.4.3　东侧文105断层

东块与主块分块断层文105断层断距为150～300m，主块沙四^{4}以上砂泥岩地层与东块盐层对接，具有封闭性；沙四^{4}以下地层与东块气砂-气砂、气砂-泥接触，其中沙四^{4}和东块沙四$^{1-2}$接触，东块沙四$^{1-2}$砂地比较低，渗透性较差，同样作为层状特征明显的两盘气水界面相差20m以上，不属于同一个流动单元，静态评价文105断层具有一定的封闭性。文105断层内外地层接触关系图如图3-34所示。

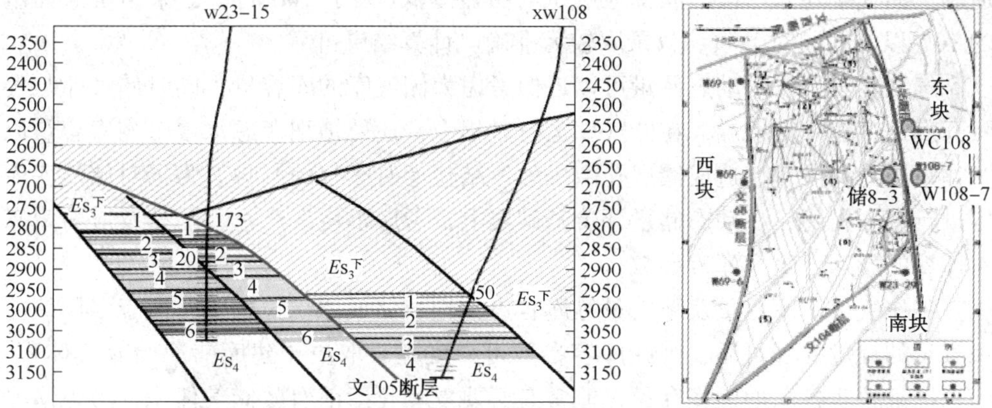

图3-34　文105断层内外地层接触关系图

第4章　库容评估

基础库容指建库前气藏原始地质储量，可采用静态法和动态法计算。基于储气库建库前的开采历史动态，应用动态法中的物质平衡法进行基础库容复核。它适用于油气藏开采一段时间，地层压力明显降低(大于1MPa)，已采出可采储量的10%以上，同时各项参数录取较为准确，计算结果可靠。

气藏开发阶段的动态储量可以近似考虑为储气库的库容量，同时储气库与气藏开发还存在一定差异，在储气库运行过程中，还需精细考虑水侵影响库容量以及注采压力起伏变化造成储层孔隙压敏、结盐等对库容的影响。为了对储气库库容进行精细描述，在动态储量评价基础之上，考虑水侵、产水、结盐及应力敏感对库容的影响，落实库容参数。

工作气量、库容量及垫气量等库容参数均与储气体积正相关，由于多周期注采气量的计量准确可靠，因此库容参数可靠度主要取决于建库前原始储气体积。为了准确核实各周期的库存量，非常有必要复算建库前有效储气体积，考虑诸多因素的影响，以原始储气体积为基础，扣除水侵、结盐、应力敏感、层间非均质性影响体积，再加上产出油、水折算气当量增加的体积，建立了复核原始储气体积的计算公式：

$$V_g = V_i - \Delta V_{wi} - \Delta V_{salt} - \Delta V_s - \Delta V_h + \Delta V_{wp} + \Delta V_{op} \tag{4-1}$$

式中　V_g——建库时有效储气体积；

V_i——原始储气体积；

ΔV_{wi}——水侵影响的储气体积；

ΔV_{wp}——产水影响的储气体积；

ΔV_{op}——产油影响的储气体积；

ΔV_{salt}——结盐影响的储气体积；

ΔV_s——应力敏感影响的储气体积；

ΔV_h——层间非均质性影响的储气体积。

4.1 盘库模型建立

以注(采)气量与视地层压力在一个注采周期内满足定容压升(降)方程为评价准则，以动态为主，静态为辅，动静互为补充，建立文23枯竭气藏型储气库盘库预测模型。针对注采气过程，基于可动与不可动，分别建立有效库存量、有效储气体积、有效库容量、可动垫气量、工作气量、垫气量、库容量等计算模型。

4.1.1 有效库存量

有效库存量即注(采)气阶段压力波及范围内能有效动用的库存量。根据定义，有效库存量相当于在库存量 G 基础上减掉一个不可动用量 ΔG，它受多种因素综合作用，而单因素的具体影响程度难以确定，但通过建立注采气量与视地层压力关系，就可有效规避诸多矛盾，使问题得以简化。根据注(采)气量与视地层压力满足定容物质平衡方程的假设条件，由气体体积系数定义直接转化得到：

注气阶段：

$$G_{rm(i-1)}B_{gi}=(G_{rm(i-1)}+Q_{in(i)})B_g \tag{4-2}$$

采气阶段：

$$G_{rm(i-1)}B_{gi}=(G_{rm(i-1)}-Q_{p(i)})B_g \tag{4-3}$$

将体积系数计算公式代入式(4-1)和(4-2)，简化后注采阶段有效库存量的表达式为：

注气阶段：

$$G_{rm(i-1)}=\frac{-Q_{in(i)}}{(P/ZT)_{(i-1)}-(P/ZT)_{(i)}}(P/ZT)_{(i-1)} \tag{4-4}$$

采气阶段：

$$G_{rm(i-1)}=\frac{Q_{p(i)}}{(P/ZT)_{(i-1)}-(P/ZT)_{(i)}}(P/ZT)_{(i-1)} \tag{4-5}$$

为了统一注采过程，便于计算机编程，设定注气阶段 $i=1, 3, \cdots\cdots$，采气阶段 $i=2, 4, \cdots\cdots$，$(i-1)$表示注(采)气初期，(i)表示注(采)气末期，这样可把注采阶段有效库存量方程合二为一，演化成下式：

$$G_{rm(i-1)}=\frac{(-1)^iQ_{(i)}}{(P/ZT)_{(i-1)}-(P/ZT)_{(i)}}(P/ZT)_{(i-1)} \tag{4-6}$$

当注入时，$Q_{(i)}$ 为阶段累积注气量；当采出时，$Q_{(i)}$ 为阶段累积采出量，计算储气库累积当量气产量。

在求取库内混合流体性质时，先计算库内混合流体密度，然后采用 Standing (1977)凝析气公式计算天然气的拟临界压力，再应用 Cranmer 方法($P<35$MPa)求取偏差系数。

注气阶段：

$$\gamma_{(i)}=\frac{G_{\mathrm{rm}(i-1)}\gamma_{(i-1)}+Q_{\mathrm{in}(i)}\gamma_{\mathrm{in}(i)}}{G_{\mathrm{rm}(i-1)}+Q_{\mathrm{in}(i)}} \tag{4-7}$$

采气阶段：

$$\gamma_{(i)}=\frac{G_{\mathrm{rm}(i-1)}\gamma_{(i-1)}-Q_{\mathrm{p}(i)}\gamma_{\mathrm{p}(i)}}{G_{\mathrm{rm}(i-1)}-Q_{\mathrm{p}(i)}} \tag{4-8}$$

综合注采气过程，库内混合流体相对密度用下式计算：

$$\gamma_{(i)}=\frac{G_{\mathrm{rm}(i-1)}\gamma_{(i-1)}+(-1)^{i+1}Q_{(i)}\gamma_{\mathrm{g}(i)}}{G_{\mathrm{rm}(i-1)}+(-1)^{i+1}Q_{(i)}} \tag{4-9}$$

以上是有效库存量数学表达式，下面按注气阶段和采气阶段分别阐述求解思路与迭代过程。

(1) 注气阶段

已知注气初期地层压力、地层温度、库内混合流体密度、注末压力、注气量等参数，其中第一注气阶段库内混合流体密度根据气藏开采末期平均气油比配样计算凝析气相对密度，其余注初库内混合流体密度近似采用上一采气阶段采气末库内混合流体密度代替，由采气阶段计算得到。

从式(4-5)知，注初有效库存量无法直接求出。通过分析后发现，只有知道注末库内混合流体密度才能求得偏差系数 Z，而要计算注末库内混合流体密度，就必须知道注初有效库存量。因此，注初有效库存量与注末库内混合流体密度之间相互依赖，须用迭代法求解。首先假设注初有效库存量 $G_{\mathrm{rm}(i-1)}$(一般设置默认值 0，也可用库存量代替)，并赋值给 G_0(用于记录本阶段前一次的计算值，以便和本次计算值比较，判断是否满足精度要求)，根据注气量计算注末库内混合流体密度，并求取偏差系数，然后用式(3-5)计算有效库存量 $G_{\mathrm{rm}(i-1)}$，如果($G_{\mathrm{rm}(i-1)}-G_0$)达到精度要求，则认为本次求得 $G_{\mathrm{rm}(i-1)}$ 为注初有效库存量，否则将 $G_{\mathrm{rm}(i-1)}$ 赋给 G_0 反复迭代求解，直到满足精度要求为止。最后根据求得有效库存量，计算注末库内混合流体密度，以此作为下一采气阶段初始库内混合流体密度。

(2) 采气阶段

已知采气初期地层压力、地层温度、库内混合流体密度、采末压力、采气量等参数，其中采初库内混合流体密度即上一注气阶段注末库内混合流体密度，由注气阶段求得。

从式(3-5)知，采初有效库存量无法直接求出。综合分析后发现，只有知道采末库内混合流体密度才能求得偏差系数 Z，而要计算采末库内混合流体密度，就必须知道采初有效库存量。因此，采初有效库存量与采末库内混合流体密度之间相互依赖，可用迭代法求解。首先假设采初有效库存量 $G_{rm(i-1)}$(一般设置默认值0，也可用库存量代替)，并赋值给 G_0(用于记录本阶段前一次的计算值，以便和本次计算值比较，判断是否满足精度要求)，根据采气量计算采末库内混合流体密度，并求取偏差系数，然后用式(3-5)计算有效库存量 $G_{rm(i-1)}$，如果 $(G_{rm(i-1)}-G_0)$ 达到精度要求，则认为本次求得 $G_{rm(i-1)}$ 为采初有效库存量，否则将 $G_{rm(i-1)}$ 赋给 G_0 反复迭代求解，直到满足精度要求为止。最后根据求得有效库存量，计算采末库内混合流体密度，以此作为下一注气阶段初始库内混合流体密度。

以前一注(采)气周期计算结果为基础，依次计算后续各周期，最后得到储气库多周期注(采)气初始有效库存量。

4.1.2 有效储气体积

将有效库存量由标况(P_{sc} = 0.101325MPa，T_{sc} = 293.15K)折算到地下条件，即可得到相应的有效储气体积，数学表达式为：

$$V_{m(i)}=\frac{Z_{(i-1)}T_{(i-1)}P_{sc}}{P_{(i-1)}T_{sc}}G_{rm(i-1)} \tag{4-10}$$

经过多周期运行后，储气库有效储气体积逐渐增加，其增幅大小在一定程度上反映了扩容快慢，判断气库是否继续扩容或已经达到平稳状态，为实施调整措施提供科学依据。

4.1.3 有效库容量

有效库容量即在运行上限压力下，储气库可动用的天然气在地面标准条件下的体积，根据状态方程，有：

$$G_{rmmax(i)}=\frac{P_{max}}{Z_{max}T_{(i)}}\frac{T_{sc}}{P_{sc}}V_{m(i)} \tag{4-11}$$

4.1.4 可动垫气量

可动垫气量即注采周期内，压力降低到运行下限时，储气库内可动用的天然气在地面标准条件下的体积，根据状态方程，有：

$$G_{\mathrm{rmmin}(i)}=\frac{P_{\min}}{Z_{\min}T_{(i)}}\frac{T_{\mathrm{sc}}}{P_{\mathrm{sc}}}V_{\mathrm{m}(i)} \tag{4-12}$$

4.1.5 工作气量

在上限压力和下限压力区间运行时，储气库采出的天然气量，即储气库库容量与可动垫气量之差，数学表达式为：

$$G_{\mathrm{rwork}(i)}=G_{\mathrm{rmmax}(i)}-G_{\mathrm{rmmin}(i)} \tag{4-13}$$

4.1.6 垫气量

垫气量为未动用库存量与可动垫气量之和，即：

$$G_{\mathrm{rmin}(i)}=G_{\mathrm{r}(i)}-G_{\mathrm{rm}(i-1)}+G_{\mathrm{rmmin}(i)} \tag{4-14}$$

4.1.7 库容量

库容量即在运行上限压力下，储气库内天然气在地面标准条件下的体积，即为工作气量与垫气量之和，数学表达式为：

$$G_{\mathrm{rmax}(i)}=G_{\mathrm{rwork}(i)}+G_{\mathrm{rmin}(i)} \tag{4-15}$$

4.1.8 库存模型参数说明

库存模型中引用的参数，以及求解模型涉及到的参数，便于理解模型及相应的算法，更好地开展盘库工作。

B_{g}　　某一压力条件下天然气体积系数，$\mathrm{m^3/Sm^3}$

$B_{\mathrm{g}i}$　　原始条件下天然气体积系数，$\mathrm{m^3/Sm^3}$

$\gamma_{(i)}$　　第 i 周期库内混合流体相对密度

$\gamma_{\mathrm{g}i}$　　天然气相对密度

$\gamma_{\mathrm{g}(i)}$　　第 i 周期采出气体相对密度

γ_{in}　　注入气相对密度

$\gamma_{\mathrm{in}(i)}$　　第 i 周期注入气体相对密度

$\gamma_{\max(i)}$　　第 i 周期上限压力对应的库内混合流体相对密度

$\gamma_{\min(i)}$　　第 i 周期下限压力对应的库内混合流体相对密度

γ_p　　采出流体相对密度

$\gamma_{p(i)}$　　第 i 周期采出流体相对密度

G_p　　压力为 P 时刻的天然气累积采出量，10^8m^3

G_r　　库存量，10^8m^3

$G_{r(0)}$　　建库前库存量，10^8m^3

$G_{r(i)}$　　第 i 周期的库存量，10^8m^3

$G_{rm(i)}$　　第 i 采末压力对应的可动库存量，10^8m^3

G_{rmmax}　　可动库容量，10^8m^3

$G_{rmmax(i)}$　　第 i 周期可动库容量，10^8m^3

G_{rmmin}　　垫气量，10^8m^3

$G_{rmmin(i)}$　　第 i 周期垫气量，10^8m^3

$G_{rmax(i)}$　　第 i 周期总库容量，10^8m^3

$G_{rmin(i)}$　　第 i 周期总垫气量，10^8m^3

G_{rwork}　　工作气量，10^8m^3

$G_{rwork(i)}$　　第 i 周期工作气量，10^8m^3

P　　压力，MPa

$P_{(i)}$　　第 i 周期末地层压力，MPa

$P_{(i-1)}$　　第 i 周期初始库内地层压力，MPa

P_i　　原始地层压力，MPa

P_{max}　　气库设计上限压力，MPa

P_{min}　　气库设计下限压力，MPa

P_{pc}　　天然气的拟临界压力，MPa

P_{pr}　　拟对比压力，$P_{pr}=P/P_{pc}$

P_{sc}　　标准状态下的压力，MPa，$P_{sc}=0.101MPa$

$Q_{(i)}$　　第 i 周期注(采)气量，10^8m^3

Q_g　　阶段采气量，10^8m^3

Q_{in}　　阶段注气量，10^8m^3

$Q_{in(i)}$　　第 i 周期累积注气量，10^8m^3

$Q_{\Sigma in}$　　多周期累积注气量，10^8m^3

T　　地层温度，K

$T_{(i)}$　　第 i 周期末库内地层温度，K

$T_{(i-1)}$	第 i 周期初始库内地层温度，K
T_{pc}	天然气的拟临界温度，K
T_{pr}	拟对比温度，$T_{pr}=T/T_{pc}$
T_{sc}	标准状态下的温度，K，$T_{sc}=293.15K$
V_m	有效储气体积，10^4m^3
$V_{m(i)}$	第 i 周期地下有效储气体积，10^4m^3
Z	某一压力下天然气的偏差系数
$Z_{(i-1)}$	第 i 周期初始库内混合流体偏差系数
Z_i	原始天然气的偏差系数
Z_m	库内混合流体偏差系数
Z_{max}	气库运行到上限压力时库内流体偏差系数
Z_{min}	气库运行到下限压力时库内流体偏差系数
i	脚标，表示原始条件，表示注采周期序号，$i=1$、3、5……注气周期；$i=2$、4、6……采气周期

4.2 文 23 储气库储气体积复算

文 23 气田已经过 30 多年衰竭式开采，积累了大量动态资料，具备采用物质平衡法计算气藏原始地质储量的条件，因此本书中采用定容封闭物质平衡法计算地质储量。

4.2.1 原始储气体积

定容气藏的视地层压力与累积产气量呈直线下降关系，因此可以利用定容封闭气藏压降图的外推法或线性回归分析法确定原始地质储量大小。计算定容封闭气藏原始地质储量所需的资料相对较少，包括不同生产时间对应的气藏平均压力、累积产气量以及天然气的偏差系数。根据开发阶段测试地层压力和累产气量建立压降曲线，评价上限压力 38.6MPa 下动态储量为 $104.21\times10^8m^3$，与设计原始动态储量一致。而地层压力 38.6MPa 下计算天然气体积系数为 0.0036728，折算原始储气体积为 $3827.4\times10^4m^3$，其中一期 $3096.5\times10^4m^3$，二期 $730.9\times10^4m^3$（二期连通区 $541.0\times10^4m^3$）。

文 23 储气库压降储量曲线如图 4-1 所示，不同压力条件下天然气体积系数变化曲线如图 4-2 所示。

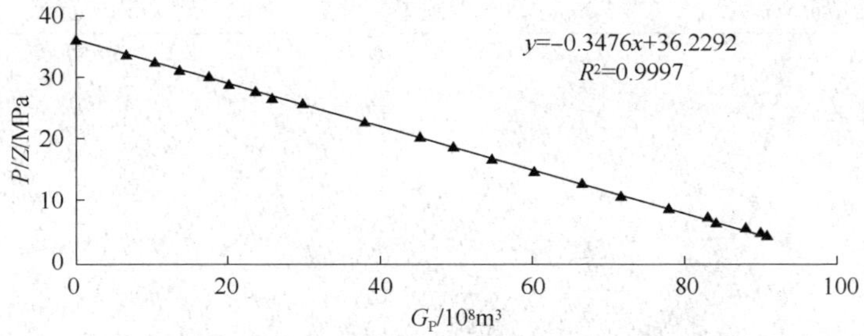

图 4-1　文 23 储气库压降储量曲线

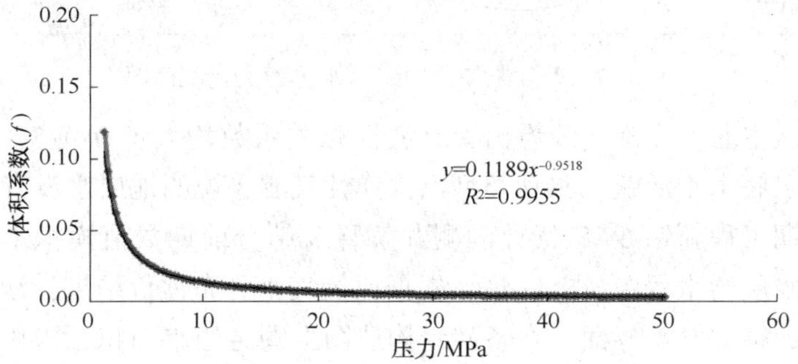

图 4-2　不同压力条件下天然气体积系数变化曲线

4.2.2　地层水侵入对储气体积的影响

文 23 储气库边底水有一定的活动能力。根据新井测井解释成果和投产情况，对气水界面、边界移动情况做了进一步的分析。

将近几年来新钻的具有可对比性的 20 多口新井气水界面值与其周围处于原始状态的老井气水界面值做对比，总体上来说，沙四$^{3-8}$砂组气水界面自开发以来整体上没有非常明显的上升，在个别物性好的储层存在单层突进现象。沙四^{8}砂组气水边界基本没变化。沙四^{7}砂组气水边界推进了 1.3~12.5m。沙四^{6}砂组气水边界变化较大，物性较差、动用较差的部位，气水界面上升不明显，例如沙四$^{6-2}$小层，文 109 块低部位文 23 储 6-7、储 4-6 井，气水界面上升了 1.9~5.1m。物性好，储层动用好的部位单层突进明显，最明显的区域在文 109 块的沙四$^{6-3}$小层，气水界面由 3010m 上升至 2963.1m，上升了 46.9m。沙四^{5}砂组气水边界的变化情况与沙四^{6}砂组相似，气水界面上升了 0.3~37.8m。沙四$^{1-4}$砂组没发现边水推进现象。反映出主块沙四$^{3-8}$砂组气田地层水能量较弱，对主块沙四$^{3-8}$气井生产没有太大的影响，气水界面平均上升 2~5m。如图 4-3 所示。

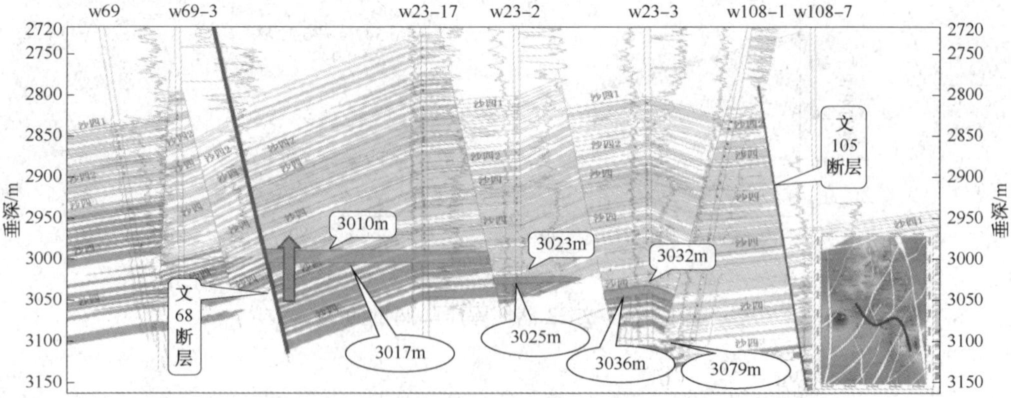

图 4-3　开发末期沙四$^{3-8}$气水界面变化剖面图

此外，从主北块压降曲线看出，其线性相关系数均大于0.995，没有上翘现象，也说明了底水不活跃，驱动类型仍为弹性气驱，说明地层水没有突进现象。

通过一期工程新钻66口气井的测井解释及结合前期数值模拟水侵路径，刻画储气库分水层的水侵图(图4-4)，根据原始气水分布评价结果，沙四$^{3-4}$砂组基本满块含气，结合气水界面，在各砂组构造图上圈定边水面积，采用容积法计算边水体积。计算结果为：主块沙四$^{5-6}$砂组含水面积3.11km^2，厚度20.0m，水层平均孔隙度13.9%，沙四$^{5-6}$砂组边水体积$0.0863\times10^8m^3$，计算水体倍数为0.49倍。沙四$^{7-8}$砂组含水面积0.61km^2，厚度17.3m，水层平均孔隙度12.8%，沙四$^{7-8}$砂组边水体积$0.0135\times10^8m^3$，计算水体倍数为1.7倍。

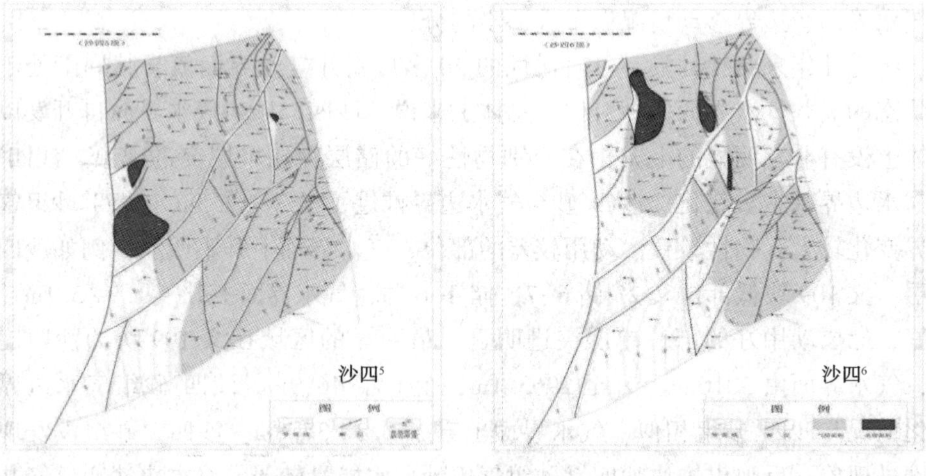

图 4-4　不同砂层组水侵平面分布图

由于主块沙四$^{5-8}$砂组纵向上隔层发育不太稳定，因此整体评价水体能量大小，根据水体倍数计算，说明沙四$^{5-8}$砂组水体能量较弱。水侵主要分布在沙四5-7砂组，边水沿物性较好区域成层状侵入，其中沙四^{5}砂组水侵主要在二期范围内，沙四$^{6-7}$砂组主要在一期范围内。

根据容积法储量计算公式，结合气水界面上升厚度，初步评价地层水侵入影响地质储量1.47×10^8m^3，折算减小储气体积53.9×10^4m^3，一期水侵影响储气体积43.8×10^4m^3，二期水侵影响储气体积10.1×10^4m^3，其中连通区影响储气体积8.0×10^4m^3，见表4-1。

表4-1　水侵影响储气体积影响测算表

区域	面积/km^2	厚度/m	孔隙度/%	含气饱和度/%	原始地层压力/MPa	地层温度/K	地面温度/K	气体偏差系数	影响储量/10^8m^3	储气体积/10^8m^3
一期	0.84	52	12.67	57.87	38.6	387.15	293.15	1.0779	1.19	43.8
二期	0.84	12	12.67	57.87	38.6	387.15	293.15	1.0779	0.28	10.1
气库整体	0.84	64	12.67	57.87	38.6	387.15	293.15	1.0779	1.47	53.9

4.2.3　产出液对储气体积的影响

文23气田产出液主要包括产水和产油。自投入开发以来，文23气田主块水气比变化相对较小，由于原射孔时余留一定的保护层，同时压裂改造时个别通过采取填砂措施防止底水的上升，从目前的生产情况看，基本上没有受到底水的影响。从气田水气比变化曲线来看，水气比保持稳定，自1990年投入正式开发以来，长期保持在0.1~0.3$m^3/10^4m^3$之间。1998年主块水气比为0.1$m^3/10^4m^3$，生产10年后到2010年，其水气比仅为0.35$m^3/10^4m^3$，水气比上升缓慢，进一步证实主块地层水能量弱，产出的主要是凝析水。期间有两段水气比上升阶段：一是1996~1997年气田整体压裂时，入井液体大量增多，产出水增多，由于计量问题未能有效分开注入水和地层水；二是2005年以后，注入了大量气井结盐导致的洗盐用水和大规模生产使用的作业用水，导致主块水气比增加。至2010年年底，气田进入调峰限产阶段，维护和措施工作量减少，水气比下降到0.3$m^3/10^4m^3$。排除洗盐影响后，主块水气比应有较大幅度下降，分析原因应为主块地层水能量弱，加上气井产能有较大下降，带液能力变差。

随着气田开发进入中后期，尤其是连续几年大气量生产的情况下，主块边部产水气井也开始受到地层水影响。大部分气井都有不同程度的出水，从气井生产综合数据分析，多数气井的日产水量均小于 $1m^3$，对气井产能影响不明显。统计试采和产能建设阶段的16口井，截至2010年年底，平均水气比 $0.10m^3/10^4m^3$。其中水气比大于 $0.5m^3/10^4m^3$ 的仅有构造边部的文22井一口，因此分析认为文23气田开发阶段产出水主要为凝析水。而产出油量较低，平均油气比小于 $0.1m^3/10^4m^3$，结合油样分析认为产出油主要为凝析油。

由于产出油、水为原始干气藏凝析而来，因此这部分流体也占据一部分的储气体积，本次研究根据不同断块老井累计产出凝析油量、凝析水量，将凝析油和凝析水折算成气当量来评价产出液对原始储气体积的影响。

凝析油和凝析气折算成气当量的公式如下：

$$Q_{g0(i)}=24056Q_o(i)\gamma_0/M_0\cdots M_0=44.29\gamma_0/(1.03-\gamma_0) \tag{4-16}$$

$$Q_{go}(i)=24056Q_w(i)\gamma_w/M_w \tag{4-17}$$

式中 $Q_{go(i)}$、$Q_{gw(i)}$——凝析油、水折算当量气；

$Q_{o(i)}$、$Q_{w(i)}$——凝析油、水产量；

γ_o、γ_w——凝析油、水密度；

M_o、M_w——凝析油、水分子量。

文23气田开发阶段累计产油 8.48×10^4t，累计产水 $12.0\times10^4m^3$，取凝析油相对密度0.7618，根据凝析油、凝析水折算气当量公式，计算累计产出气当量 $1.73\times10^8m^3$，折算增加储气体积 $63.4\times10^4m^3$，其中一期 $49.4\times10^4m^3$，二期 $14.0\times10^4m^3$，二期连通区 $10.0\times10^4m^3$。

产出液影响储气体积测算表见表4-2。

表4-2 产出液影响储气体积测算表

断块	累产气量/10^8m^3	累产油量/t	累产水量/m^3	折算当量气/10^4m^3	影响储气体积/10^4m^3
文109	39.83	36070.26	38470.64	5666.57	20.81
文103	4.85	5175.66	6140.08	895.95	3.29
文22	15.23	13813.12	23184.36	3299.58	12.12
文105	27.32	18460.38	24771.35	3579.34	13.15
一期合计	87.23	73519.42	92566.43	13441.43	49.37
连通区	6.97	8038.59	19508.85	2724.29	10.01
文106	1.02	1421.55	1800.98	261.39	0.96
文23-5	1.63	1805.97	6127.55	845.21	3.10
二期合计	9.62	11266.11	27437.38	3830.89	14.07
文23主块合计	96.86	84785.54	120003.81	17272.32	63.43

4.2.4 结盐对储气体积的影响

文23储气库气藏类型为具有边底水气藏，地层水为高矿化度盐水，总矿化度(26~30)×10^4mg/L，Cl^-含量(16~18)×10^4mg/L，水型$CaCl_2$，具有结盐的条件。

地层结盐研究主要通过室内模拟地层结垢试验，选择不同孔隙度、渗透率以及不同表面性质的岩心进行模拟地层条件下氯化钠、碳酸钙以及硫酸钙等盐垢的形成过程，通过岩心渗透性的变化反映结盐对地层产生的伤害，通过平板模型观察在地层中盐垢形成的形态以及部位。

试验温度为115℃，模拟开发过程中地层压力变化，即驱替压力由30MPa变至1MPa。实验过程中主要考虑目前以及开发后期压力变化对结盐的影响。

分为初始结盐期(15~10MPa)、结盐平衡期(10~3MPa)及结盐加剧期(<3MPa)三个阶段，结盐上限压力为15MPa。

结盐初期，即地层压力在15~10MPa区间时，地层开始初步结盐，结盐对岩心渗透率急剧下降，渗透率下降了67%左右。结盐平衡区，虽然驱替压力降低，但渗透率降低趋势明显减弱，渗透率仅下降了5%左右。结盐加剧期，当驱替压力小于3MPa时，渗透率开始进一步，结盐对岩心伤害程度达到92%以上。

结盐渗透率随驱替压力变化曲线如图4-5所示。

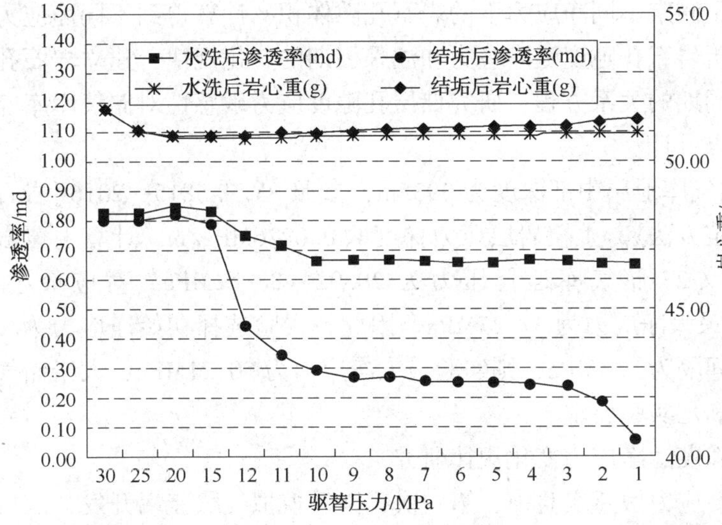

图4-5 结盐渗透率随驱替压力变化曲线

根据结盐机理实验研究，结合气田结盐研究，评价地层内部主要结氯化钠盐垢，同时还有部分硫酸钙、碳酸钙盐垢。近井地带结盐半径主要在10m以内，尤其4~5m左右结盐尤为严重。

本次研究以结盐机理实验相关数据为基础，结合老井平均储层厚度以及老井井数，初步评价结盐减小储气体积 $1.407\times10^4m^3$。一期区域目前老井41口，结盐影响储气体积为 $1.01\times10^4m^3$；二期区域目前老井16口，结盐影响储气体积为 $0.4\times10^4m^3$，其中连通区结盐影响储气体积 $0.2\times10^4m^3$。

结盐对储气体积影响测算表见表4-3。

表4-3 结盐对储气体积影响测算表

结盐影响半径/m	10	单井影响储气体积/10^4m^3	0.0247
储层厚度/m	69.6	老井井数/口	57
单井结盐影响体积/10^4m^3	2.1854	累计影响储气体积/10^4m^3	1.407
岩心分析结盐影响程度/(m^3/m^3)	0.0113		

4.2.5 应力敏感对储气体积的影响

储气库运行过程中，由于气体多周期注采循环使得岩石净应力发生周期性变化，导致储层岩石孔隙体积也发生改变，从而影响储气库的库容。

根据文23储气库一期取心井的不同物性岩心多周期注采条件下的孔隙度应力敏感实验，测定不同净应力下的岩石孔隙体积，计算得到不同净应力下的岩石孔隙度，分析岩石孔隙度随净应力和注采周期的变化规律，建立岩石孔隙度与净应力和注采周期的关系方程，研究储层孔隙度应力敏感性对储气库库容的影响。

（1）测点设计

文23储气库地层中部深度为2935m，参照SY/T 5815—2016《岩石孔隙体积压缩系数测定方法》，上覆岩层压力梯度取0.0226MPa/m，计算上覆岩层压力为66.33MPa。文23储气库运行压力为20.92~38.62MPa，对应最小净应力为27.71MPa，最大净应力为47.27MPa。因此，实验选择初始净应力为27.71MPa，设计净应力间隔为2.5MPa，则实验最大净应力为50.21MPa，大于储气库实际最大净应力，满足实验要求。

（2）孔隙度随净应力变化规律研究

在孔隙度应力敏感实验中，第一次升围压模拟气藏衰竭开发，之后模拟储气库运行过程，将一次降围压和升围压过程作为一个储气库运行周期。实验从第一次升围压开始，到第四次升围压结束，共计7个净应力变化周期，每个周期10

个净应力测点，共计420个净应力测点下的孔隙体积，绘制了6块岩样孔隙度随净应力变化关系图(图4-6)。

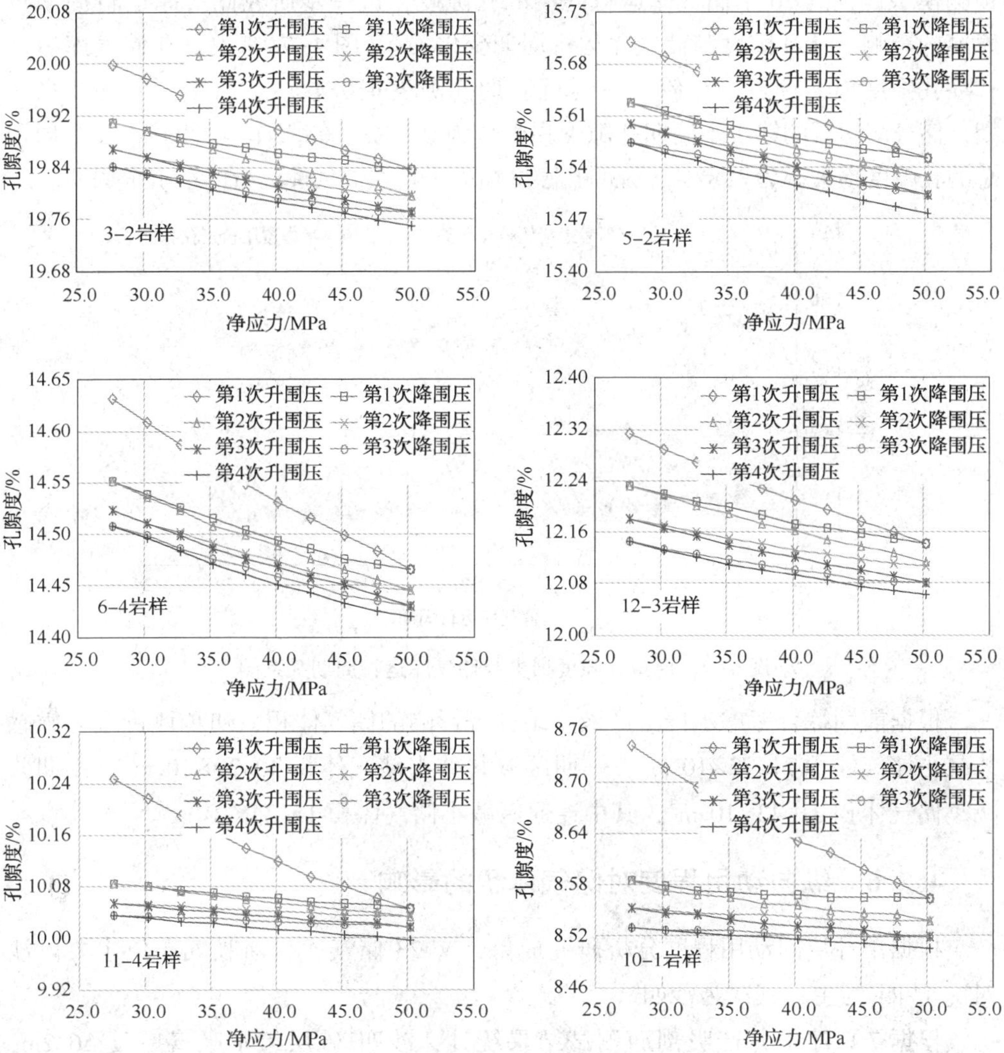

图4-6　孔隙度随净应力变化关系图

从图中可以看出岩样有两个表现趋势：

① 岩样孔隙度随净应力的增大而减小。随着作用在岩石上的净应力的增大，岩石被压缩，岩石孔隙体积减小，岩石孔隙度降低。

② 岩样孔隙度随净应力变化周期数的增大而减小。作用在岩石上的净应力增大，岩石被压缩，岩石发生变形，岩石变形有弹性变形和塑性变形，岩样孔隙

度随净应力变化周期数的增大而减小，说明存在着一定的塑性变形。

文 23 储气库平均孔隙度 15%。依据实测样点拟合，建立多周期注采孔隙度预测模型，预测 20 个储气库运行周期的孔隙度，进一步研究储气库运行周期对库容的影响。从孔隙度与储气库运行周期变化关系(图 4-7)来看：在储气库运行初期孔隙度损失较多，在储气库运行后期孔隙度损失较少。对于不同的注采周期，储气库运行的第 1 个周期孔隙度损失率为 0.70%，储气库运行的第 20 个周期总的孔隙度损失率为 1.87%，说明孔隙度损失主要在储气库运行的第 1 个周期。

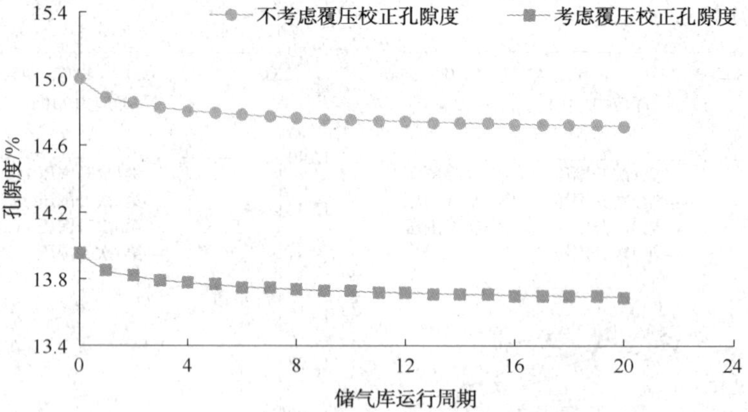

图 4-7 模拟孔隙度损失与储气库运行周期关系图

根据前期综合考虑水侵、产液、结盐等影响的储气体积，初步评价应力敏感共减小储气体积 $71.72\times10^4m^3$，一期区域共减小储气体积 $40.29\times10^4m^3$，二期共减小储气体积 $31.43\times10^4m^3$，其中连通区减小储气体积 $16.74\times10^4m^3$。

4.2.6 纵向动用程度对储气体积的影响

根据单井层间动用程度分析研究成果，文 23 储气库目前吸气层位主要以沙四^4、沙四^{5}为主，其次为沙四^6。

根据 7 口注采井产吸剖面测试结果统计，沙四^{3}砂层组不吸气厚度 56.2m，不吸气层占比 55.9%；沙四^{4}砂层组不吸气厚度 21.8m，不吸气层占比 8.0%；沙四^{5}砂层组不吸气厚度 57.1m，不吸气层占比 16.3%；沙四^{6}砂层组不吸气厚度 33.5m，不吸气层占比 17.7%；沙四^{7}砂层组不吸气厚度 11.8m，不吸气层占比 28.3%；沙四^{8}砂层组不吸气厚度 6.6m，不吸气层占比 22.9%。

各砂层组不吸气层位厚度介于 6.6~56.2m，占比 8.0%~55.9%，平均不吸气厚度为 26.7m，从不吸气砂层组分布来看，主要以沙四^{3}砂层组为主，其次为沙四$^{6-8}$砂层组，如图 4-8 所示。

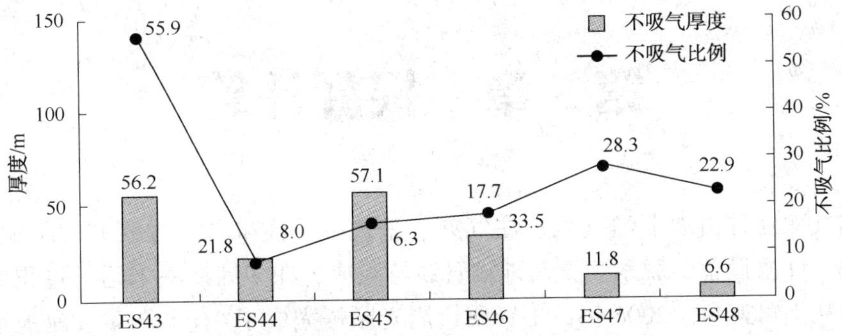

图 4-8 不同井纵向动用程度分布图

基于以上评价结果，可以计算出各砂层组不吸气层所影响的地质储量，储层厚度为储量计算平均储层厚度乘以不吸气层厚度比例，含气面积、孔隙度、含气饱和度等其他参数为前期储量评价选取参数，计算因纵向动用程度差异影响地质储量 $2.29\times10^8m^3$，折算影响储气体积 $84.27\times10^4m^3$。

纵向动用程度影响储气体积测算表见表 4-4。

表 4-4 纵向动用程度影响储气体积测算表

砂层组	面积/km^2	厚度/m	孔隙度/%	含气饱和度/%	地质储量/10^8m^3	储气体积/10^4m^3
沙四^3	5.8	3.1	13.9	64.0	0.59	21.69
沙四^4	7.1	2.0	14.2	64.0	0.49	18.09
沙四^5	7.0	3.9	13.1	64.0	0.86	31.44
沙四^6	4.1	2.1	12.6	64.0	0.26	9.37
沙四^7	1.6	2.1	12.6	49.7	0.08	2.95
沙四^8	0.6	1.4	12.6	49.7	0.02	0.73
合计					2.28	84.27

4.2.7 有效储气体积复核结果

通过评价地层水侵入、产出液、结盐、应力敏感、纵向动用程度等因素对储气体积的影响，最终复核有效储气体积 $3679.51\times10^4m^3$，和原始储气体积相比，降幅 3.9%。从区域上来看，一期复核有效储气体积 $3013.47\times10^4m^3$，为原始储气体积的 97.3%；二期复核有效储气体积 $666.04\times10^4m^3$，为原始储气体积的 91.1%，其中二期连通区有效储气体积为 $506.39\times10^4m^3$。

第 5 章　损耗计算

储气库通常由地下油气藏、注气井、采气井、注采井、观察井、集输系统、压缩机、计量设备、脱水装置及外输管线等组成，在多周期注采运行过程中，天然气损耗不可避免。2006 年，王皆明，周光厚等完成了“有水气藏改建地下储气库天然气损耗预测及控制方法研究”，详细阐述了可能造成天然气损耗的地质因素和工程因素。在此基础上，结合文 23 储气库自身特点，对天然气损耗构成进行研究，为国内其他储气库损耗研究提供参考。

5.1　多周期运行损耗构成

储气库产生损耗的主要因素有两类，一是地质因素，包括圈闭封闭性破坏和边部可流动水体顶部气驱扩容；二是工程因素，包括注采井作业有组织的放喷、地面注采气系统有组织放空、生产分离器凝析油携带气量以及自用气等。

文 23 储气库为复杂断块气藏改建而成，分二期工程建设，根据前期断块内部连通性分析结果，文 23 储气库一期工程区域与二期连通区整体连通性较好，断层不存在明显的封闭作用，但目前三周期注采运行主要在一期区域，连通区地层压力普遍低于注采区，因此存在一期天然气向二期连通区扩散的可能；再根据边界断层密封性评价研究成果，文 23 储气库边界断层均存在漏失可能，本次研究结合文 23 储气库自身特点，建立了气库垫气增量构成模式图（图 5-1）。

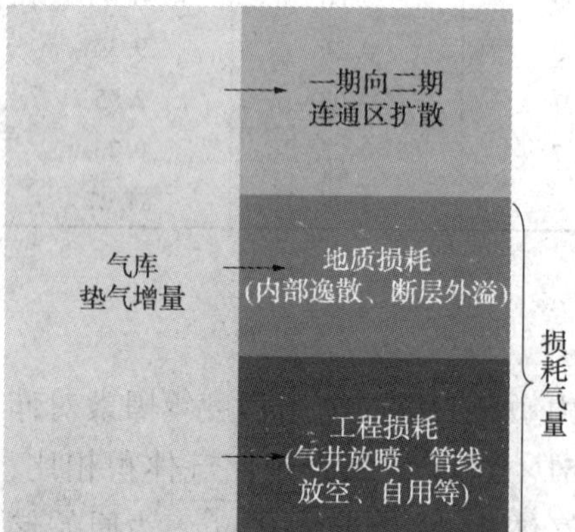

图 5-1　文 23 储气库垫气增量构成模式图

5.1.1　天然气损耗量

天然气损耗量为本阶段与上一阶段垫气量之差，如果处于扩容达产阶段，需要扣除快速扩容垫气增量，表达式为：

$$Q_{SH(i)}=G_{rmin(i)}-G_{rmin(i-2)}-Q_{wk(i)} \tag{5-1}$$

式中 $Q_{SH(i)}$——垫气损耗量；

$G_{rmin(i)}$——本周期垫气量；

$G_{rmin(i-2)}$——上一周期垫气量；

$Q_{wk(i)}$——扩容垫气增量。

5.1.2 天然气损耗率

天然气损耗率是天然气损耗量占注气量的百分数，其中注气量为上一注气阶段的注气量，表达式为：

$$E_{SH(i)}=\frac{Q_{SH(i)}}{Q_{in(i)}}\times100\% \tag{5-2}$$

式中 $E_{SH(i)}$——天然气损耗率；

$Q_{SH(i)}$——天然气损耗量；

$Q_{in(i)}$——周期注气量。

5.2 地质损耗评价

5.2.1 垫气变化量

根据垫气变化量计算公式，文 23 储气库 2020～2021 年周期、2021～2022 年周期垫气变化量分别为 $4.35\times10^8m^3$、$2.27\times10^8m^3$，共计 $6.62\times10^8m^3$，如图 5-2 所示。从多周期对比来看，垫气变化量呈下降趋势，主要为气库逐步扩容，运行趋于稳定，预测接下来垫气变化也将逐步下降直至稳定。

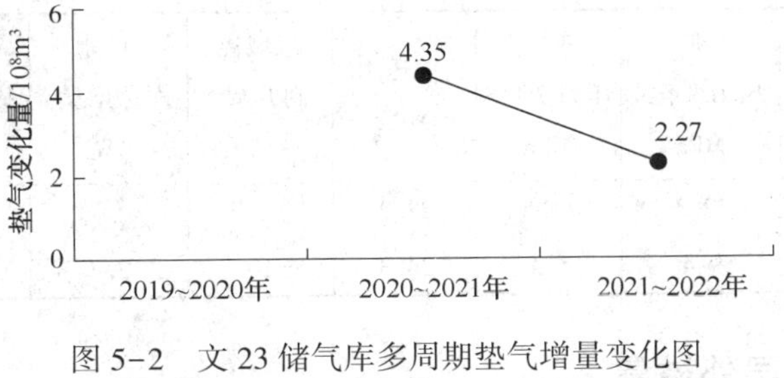

图 5-2　文 23 储气库多周期垫气增量变化图

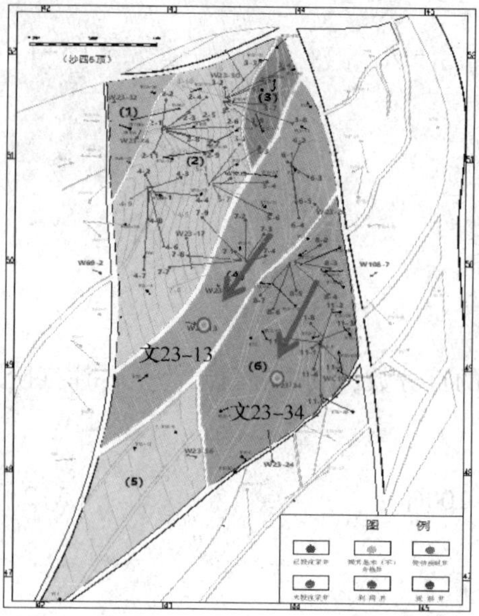

图 5-3　文 23 储气库天然气扩散示意图

5.2.2　内部扩散量

一期向二期连通区扩散气量是指文 23 储气库二期因未集中注气，地层压力较低，因此文 23 储气库一期注采区域的注入天然气向与其连通的南部二期连通区方向运移的气量。文 23 储气库天然气扩散示意图如图 5-3 所示。

具体的扩散量计算方法主要以连通区地层压力(文 23-13、文 23-34 井来评价)为基础，通过分析连通区地层压力在注气运行周期内的变化情况，根据气井单位压升注气量、区域控制井数等参数建立连通区的扩散气量模型，扩散气量计算表达式为：

$$\Delta Q_{in} = \Delta G \cdot n \cdot \Delta P \tag{5-3}$$

式中　ΔQ_{in}——一期向连通区扩散量；

ΔG——单井单位压升库存增量；

n——区域控制井数；

ΔP——连通区地层压力变化量。

初步评价一期向二期连通区扩散总气量为 $7.5\times10^8m^3$，其中第一、第二、第三周期扩散气量分别为 $2.7\times10^8m^3$、$3.2\times10^8m^3$、$1.6\times10^8m^3$，整体呈现为先升后降的趋势，第三周期较上周期扩散减小 $1.6\times10^8m^3$，主要为连通区压力升高，内部流动减缓所致，扩散的天然气因仍在储气库内部，因此不将其算在损耗内，见表 5-1。

表 5-1　天然气扩散量评价表

区域	1 周压力变化/MPa	2 周压力变化/MPa	3 周压力变化/MPa	目前压力/MPa	区域控制井数/口	1 周库存增量/10^8m^3	2 周库存增量/10^8m^3	3 周库存增量/10^8m^3
一期	15.3	12.3	11.6	28.2				
连通区	13.7	9.4	5.4	24.3	10	2.7	3.2	1.6

5.2.3　断层外溢量

根据前期边界断层密封性研究成果，文 23 储气库东、南、西三个边界断层均存在一定程度的外溢情况，通过文68、文104、文105断层外老井的监测资料分析这三口井在气库注采运行的油压变化情况，结合单井井控库存，建立断层外溢气量计算模型，断层外溢气量计算表达式为：

$$\Delta Q_{\text{outlet}}=G/P_{\text{i}}\cdot n\cdot \Delta P \tag{5-4}$$

式中 ΔQ_{outlet}——断层外溢量；

G——单井井控库存量（未收集到边块井动储量资料，本次假定动储量为$1.0\times10^8\text{m}^3$）；

n——区域控制井数；

ΔP——边块井油压变化量；

P_{i}——原始地层压力。

文23储气库天然气断层外溢示意图如图5-4所示。

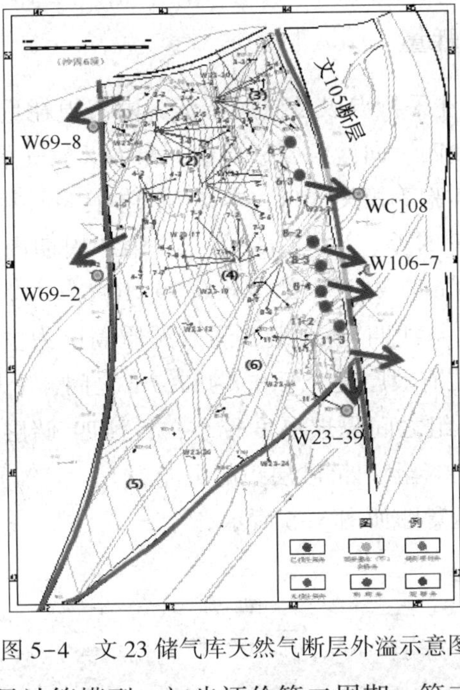

图5-4 文23储气库天然气断层外溢示意图

根据断层外溢气量计算模型，初步评价第二周期、第三周期断层外溢损耗分别为$0.68\times10^8\text{m}^3$、$0.36\times10^8\text{m}^3$，共计损耗天然气$1.04\times10^8\text{m}^3$，其中东部文105断层外溢量$0.77\times10^8\text{m}^3$，占比74.0%；南部文104断层外溢量$0.13\times10^8\text{m}^3$，占比12.5%；西部文68断层外溢量$0.11\times10^8\text{m}^3$，占比10.5%，可以看出文23储气库断层外溢主要为东部文105断层，见表5-2。

表 5-2　天然气断层外溢量评价表

位置	井号	井数	1-2 周期压差/MPa	2-3 周期压差/MPa	2 周单井压升气量/10^8m^3	2 周期逸散量/10^8m^3	3 周单井单井压升气量/10^8m^3	3 周期逸散量/10^8m^3
文 105 断层	文侧 108		13.4	2.2	0.35		0.06	
	文 108-7		7.3	2.2	0.19		0.06	
	小计	2			0.27	0.54	0.11	0.23
文 68 断层	文 69-2		1.4	0	0.04			
	文 69-8		3	0	0.08			
	小计	2		0	0.06	0.11		0
文 104 断层	文 23-39	1	1	5	0.03	0.03	0.13	0.13
逸散总计						0.68		0.36

5.2.4　内部损耗量

根据文 23 储气库注采特点以及储层特征，内部损耗量主要包括不可采出的圈闭气以及注采层位沙四$^{3-8}$向沙四$^{1-2}$砂层组上窜的天然气量。由于本次未收集到内部圈闭气损耗机理实验等相关资料，本次内部损耗量计算方法为垫气增量与扩散气量、断层外溢气量的差。计算结果第二、第三周期内部天然气损耗分别为 $0.47\times10^8m^3$、$0.29\times10^8m^3$，共计内部损耗 $0.79\times10^8m^3$。

文 23 储气库沙四^{2}与沙四^{3}砂层组之间以泥质隔层为主，隔层厚度主要分布在 4~6m，而沙四^{2}储层有效厚度介于 0.8~17.7m 之间，平均有效厚度 6.4m，因此在沙四^{2}与沙四^{3}砂层组之间隔层厚度较小，且沙四^{2}储层条件较好的区域，沙四$^{3-8}$注入的天然气有上窜至沙四^{2}砂层组的可能。

天然气内部逸散示意图如图 5-5 所示。

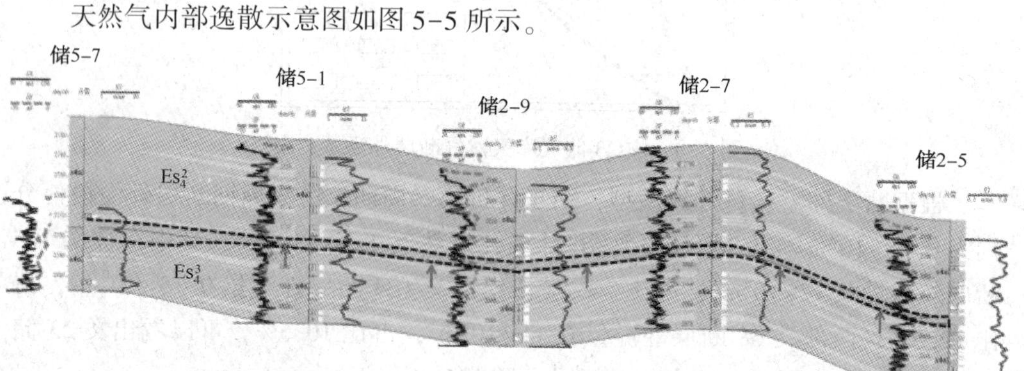

图 5-5　天然气内部逸散示意图

本次收集资料情况为建库前注采井与目前(2022 年第三周期)新钻加密井 RFT 测压资料，因此此次评价的结果为注采周期内总体的天然气逸散量，未能有效反映出各周期的逸散量。根据资料情况统计，沙四^{2}砂层组地层压力由建库前的 22.14MPa 增加至 27.72MPa，表明天然气确实有上窜现象，该部分气量的前提为注采层地层压力上升至一定程度，且突破上覆隔层厚度，认为压升气量一般较低，本次评价以三类气井平均单位压升注气量指标为依据，综合考虑区域沙四$^{2-3}$隔层厚度与沙四^{2}有效厚度分布特征，初步计算天然气向上逸散量共计 $0.46\times10^8m^3$(表 5-3)，而扣除天然气向上逸散量，文 23 储气库内部因圈闭气损耗量为 $0.30\times10^8m^3$。

表 5-3 天然气上窜逸散量评价表

层位	建库前地层压力/MPa	目前地层压力/MPa	压力变化/MPa	影响井数/口	逸散气量/10^8m^3
沙四^2	22.14	27.72	5.58	10	0.46

5.2.5 地质损耗量

文 23 储气库地质损耗量为断层外溢量与内部损耗量之和。2020～2021 年和 2021～2022 年两周期天然气地质损耗量共计 $1.8\times10^8m^3$；其中第二周期地质损耗 $1.15\times10^8m^3$，第三周期地质损耗 $0.65\times10^8m^3$，第三周期较上周期降低 $0.5\times10^8m^3$(图 5-6)。根据地质损耗率计算模型，计算第二、第三周期地质损耗率分别为 4.2%、2.9%，第三周期比上周期地质损耗率降低 1.3%。

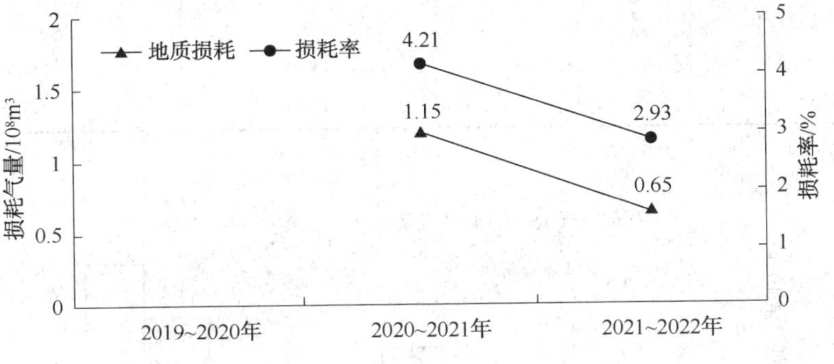

图 5-6 文 23 储气库多周期地质损耗量分析图

通过分析断层周边注采井多周期注气量变化情况，储 11-2、储 11-4、储 6-2 等井初期注气量均为最高，随后注气量逐步下降，到第三周期各井注气量均为三周期最低，因此地质损耗第三周期较第二周期低，如图 5-7 所示。

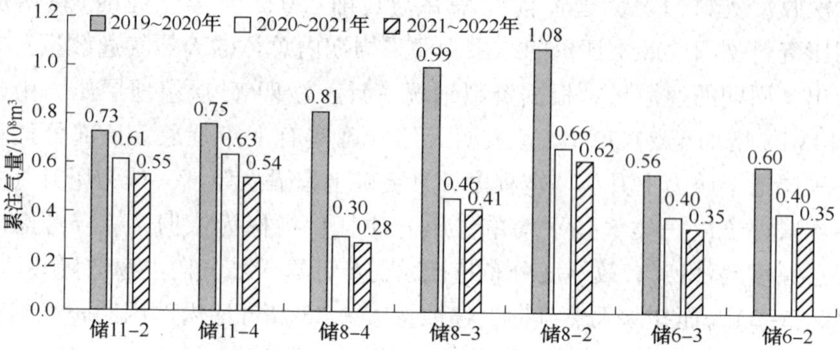

图 5-7 文 23 储气库断层周边井多周期注气量变化图

5.3 工程损耗分析

工程损耗主要来自现场的计量统计资料，通过统计分析，文 23 储气库工程损耗总体较小，三个注采周期工程损耗仅 $39.4\times10^4m^3$，其中放空气量 $24.4\times10^4m^3$，占比 61.8%，为主要的工程损耗。工程损耗历年呈上升趋势，但增长幅度减缓。见表 5-4 和图 5-8。

表 5-4 文 23 储气库多周期工程损耗量统计表

注采周期	工程损耗量/10^4m^3		合计/10^4m^3
	放空气量	自用气	
2019~2020 年	3.6	0	3.6
2020~2021 年	9.3	0	9.3
2021~2022 年	11.5	15.0	26.5
总计	24.4	15.0	39.4

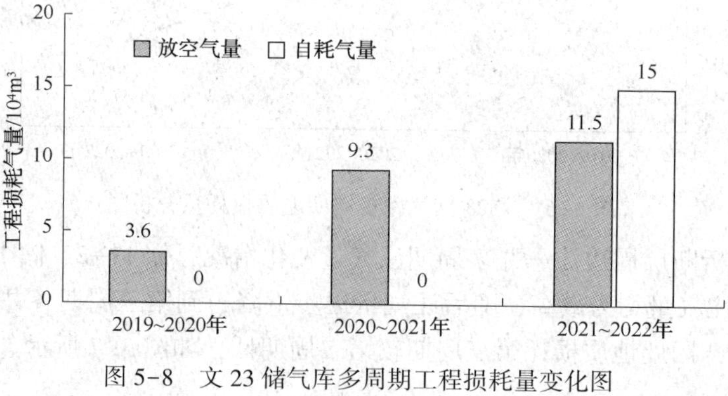

图 5-8 文 23 储气库多周期工程损耗量变化图

5.4 损耗气量分析

根据统计地质损耗量与工程损耗量之和，文 23 储气库 2019～2020 年、2020～2021 年、2021～2022 年注采周期综合损耗量分别为 $3.6\times10^4 m^3$、$1.15\times10^8 m^3$、$0.65\times10^8 m^3$，综合损耗率分别为 0.001%、4.1%、2.9%，其中第二周期损耗较大，第三周期较上周期下降 $0.5\times10^8 m^3$，如图 5-9 所示。

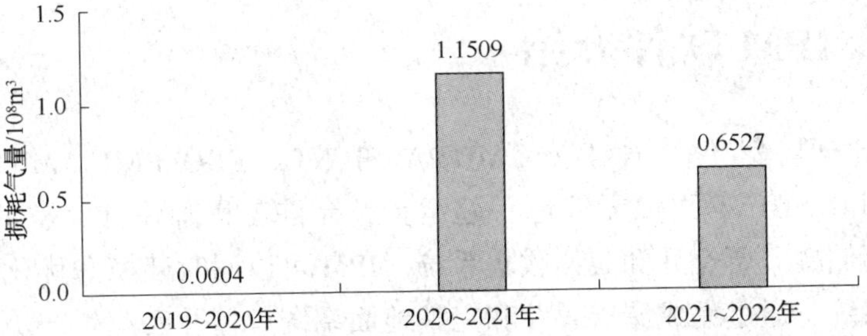

图 5-9　文 23 储气库多周期损耗量变化图

文 23 储气库多周期天然气损耗共计 $1.83\times10^8 m^3$，以地质损耗为主，占比 99%以上，工程损耗量小，不足 1%，如图 5-10 所示。

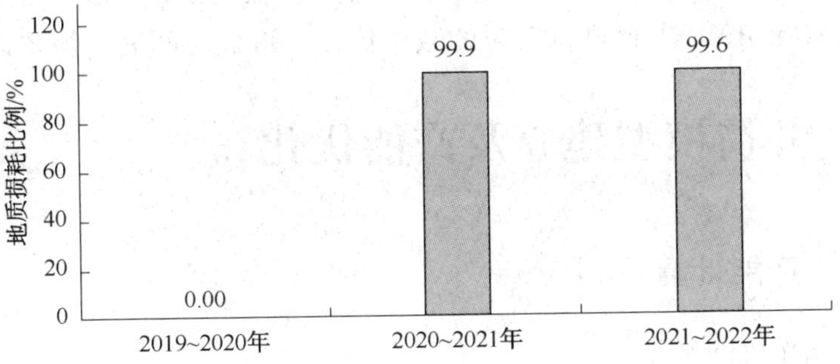

图 5-10　文 23 储气库多周期地质损耗

第 6 章 地质体-井筒-地面一体化模型技术

6.1 IPM 软件介绍

IPM 工具套件：GAP，GAPTRANSIENT，PROSPER，MBAL，PVTP，REVEAL 和 RESOLVE 可以无缝地一起运行，允许工程师设计完整的现场模型。模型可包括储罐，所有井和表面收集系统。IPM 可以同时建模和优化生产和水或气体注入系统。通过完成储层、井和完整地面系统模型并匹配生产历史，可以优化生产系统并运行生产预测。

RESOLVE 模块是 IPM 的核心控制器平台，在这个平台上可以连接 IPM 软件的所有模块以及其他第三方软件，构成地质体-井筒-地面管网强大的一体化模拟平台。在 RESOLVE 平台上可以对已建立的一体化模型进行集中的运算和调配管理，同时 RESOLVE 平台进行实时的数据传输，形成时间表、报告以及数据集。

6.2 井筒模型建立及产能优化

6.2.1 产能计算

(1) 井底流压的确定

根据气井的生产情况，可将气井的垂直管流分为两大类：单相流与气液两相流。依据垂直管流中气体的质量守恒与动量守恒原理可得井底流压的计算公式为：

$$P_{wf}=\sqrt{P_{wh}^{2}e^{2S}+1.32\times10^{-18}f\left(q_{sc}\overline{TZ}\right)^{2}\left(e^{2S}-1\right)/D^{5}} \tag{6-1}$$

其中

$$S=\frac{0.03418\gamma_{g}H}{T\overline{Z}} \tag{6-2}$$

$$f=\left[\frac{1}{1.14-2Lg\left(\frac{e}{D}+\frac{21.25}{Re^{0.9}}\right)}\right]^2 \tag{6-3}$$

式(6-1)~式(6-3)中

P_{wf}——井底流压，MPa；

P_{wh}——井口油压，MPa；

S——指数；

f——摩阻系数；

q_{sc}——标准状态下的天然气体积流量，m^3/d；

$\bar{T}$——平均温度，K；

Z——平均偏差系数；

e——自然底数，2.71828；

D——油管内径，m；

γ_g——天然气相对密度；

H——井口到气层中部深度，m；

Re——雷诺数。

相对于单一气相来说，气液两相流要复杂得多。用 Hagedorn-Brown 模型来计算气液两相流的井底流压优于其他模型。与单相流动相同，根据垂直管流中流体的质量守恒与动量守恒原理，可以导出多相流的能量方程为：

$$\frac{dp}{dz}=\rho_m\times u_m\times\frac{du_m}{dz}+g\times\rho_m+\frac{f_m\times\rho_m\times u_m^2}{2\times D} \tag{6-4}$$

从式(6-4)出发，考虑到现场实际单位的换算，可以得到：

$$10^6\frac{dp}{dz}=\rho_m\times g+\frac{f_m\times q_t^2\times M_t^2}{9.21\times10^9\times\rho_m\times D^5}+\frac{\rho_m d\frac{u_m^2}{2}}{dz} \tag{6-5}$$

其中

$$M_t=1000\times\gamma_o\times f_o+1000\times\gamma_w\times f_w+1.205\times GLR\times\gamma_g \tag{6-6}$$

$$\rho_m=\rho_l H_l+\rho_g(1-H_l) \tag{6-7}$$

$$\rho_l=\left(\frac{1000\times\gamma_o+1.205\times R_s\times\gamma_g}{B_o}\right)\left(\frac{1}{1+WOR}\right)+\left(\frac{1000\times\gamma_w}{B_w}\right)\left(\frac{WOR}{1+WOR}\right) \tag{6-8}$$

$$\rho_g=1.205\times\gamma_g\left(\frac{p}{0.101325}\right)\left(\frac{293.15}{T}\right)\left(\frac{1}{Z}\right) \tag{6-9}$$

对于不产油的产水气井而言，式(6-6)、式(6-8)可分别简化为：

$$M_t = 1000 \times \gamma_w \times f_w + 1.205 \times GLR \times \gamma_g \tag{6-10}$$

$$\rho_l = \frac{1000 \times \gamma_w}{B_w} = \rho_w \tag{6-11}$$

式(6-4)~式(6-11)中

p——井筒中任意点的压力，MPa；

ρ_m——气液混合物的密度，kg/m^3；

u_m——气液混合物的流速，m/s；

g——重力加速度，m/s^2；

f_m——两相摩阻系数；

q_t——地面产液量，m^3/d；

M_t——标准状况下每生产 $1m^3$ 液体伴生油、气、水的总质量，kg/m^3；

H_l——持液率；

ρ_l——液体密度，kg/m^3；

γ_o——油的相对密度；

γ_w——水的相对密度；

R_s——溶解气油比；

B_0——油的体积系数；

B_w——水的体积系数；

WOR——生产水油比；

ρ_w——水的密度，kg/m^3；

ρ_g——气的密度，kg/m^3；

f_w——含水率；

f_o——含油率；

GLR——气液比。

在选用此模型进行计算的过程中主要采用迭代的方法。首先选定井筒长度增量，然后根据公式(6-12)，计算 Δp：

$$\Delta p = 10^{-6}\left[\Delta z\left(\rho_m \times g + \frac{f_m \times q_t^2 \times M_t^2}{9.21 \times 10^9 \times \rho_m \times D^5}\right) + \rho_m \Delta\left(\frac{u_m^2}{2}\right)\right] \tag{6-12}$$

在相应变化的长度区间内假设一个 Δp，计算出在此长度和压力区间内的物性参数，利用式(6-12)，计算出 Δp。将 Δp_1 与假设的 Δp 进行比较，如果满足精度要求则进行下一个长度区间的计算，否则令 $\Delta p = \Delta p_1$，再次进行计算，如此反复，直到满足要求为止。

假设储层为各向同性均质等厚刚性介质，地层水不可压缩，其流动符合等温达西渗流。排采初期煤层中的水向井筒流动，在煤层气井的泄流体积范围内为径向流动。

煤层气井柱形径向渗流模型见图 6-1。

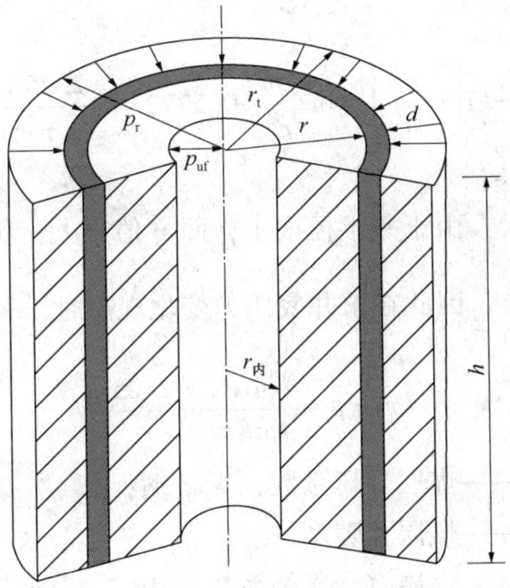

图 6-1　煤层气井柱形径向渗流模型

1）外边界无限大和内边界定产条件下井底流压动态预测模型

当液体向井做平面径向渗流时，地层中各瞬间压力分布方程为：

$$\begin{cases} \frac{1}{r}\frac{\partial}{\partial r}\left(r\frac{\partial p}{\partial r}\right)=\frac{1}{\eta}\frac{\partial p}{\partial t} \\ p\left.\right|_{t=0}=p_{\mathrm{r}} \\ p\left.\right|_{r=\infty}=p_{\mathrm{r}} \\ r\frac{\partial p}{\partial r}\bigg|_{r\to 0}=\frac{B_{\mathrm{w}}q_{\mathrm{I}}\mu_{\mathrm{w}}}{2\pi kh} \end{cases} \tag{6-13}$$

其中

$$r=\sqrt{x^2+y^2} \tag{6-14}$$

求解上述方程式，从而得到地层中任一点在某一瞬间的压力公式：

$$p(r,\ t)=p_{\mathrm{r}}-\frac{B_{\mathrm{w}}q_{\mathrm{I}}\mu_{\mathrm{w}}}{4\pi Kh}\left[-Ei\left(-\frac{r^2}{4\eta t}\right)\right] \tag{6-15}$$

其中

$$-Ei(-x)=\int_{x}^{+\infty}\frac{\mathrm{e}^{-ut}}{u}\mathrm{d}u \tag{6-16}$$

在井底处($r=r_w$)、t 时刻的压力为：

$$p_{wf}(t)=p_r-\frac{B_w q_l \mu_w}{4\pi Kh}\left[-Ei\left(-\frac{r_w^2}{4\eta t}\right)\right] \tag{6-17}$$

当$\frac{r^2}{4\eta t}<0.01$ 时：

$$-Ei\left(-\frac{r^2}{4\eta t}\right)\approx \ln\frac{4\eta t}{r^2}-0.5772=\ln\frac{2.25\eta t}{r^2} \tag{6-18}$$

其误差小于 0.25%。

在计算井底压力时，由于井半径很小，而 η 值很大，所以井投产后经过很短时间就会达到$\frac{r_w^2}{4\eta t}<0.01$，因此在求井底压力变化规律时，一般使用近似公式：

$$p_{wf}(t)=p_r-\frac{B_w q_l \mu_w}{4\pi Kh}\ln\frac{2.25\eta t}{r_w^2}h \tag{6-19}$$

式中 $\eta=K/(\varphi\mu w C_t)$——煤层导压系数，无量纲；

φ——煤层孔隙度，%；

C_t——煤层综合压缩系数，MPa^{-1}；

B_w——储水系数，通常取 1.0；

p_r——原始储层平均压力，MPa；

p_{wf}——井底流压，MPa；

μ_w——煤层产出水的黏度，mPa·s；

q_L——地面标准水流量，m^3/d；

h——煤层有效厚度，m；

K——煤储层渗透率，μm^2；

r_w——井眼半径，m。

2）外边界无限大和内边界非定产条件下井底流压动态预测模型

由渗流控制方程可知，渗流速度 ν 与压力梯度 $\partial p/\partial r$ 成线性关系，流体流动规律满足达西定律，由图 6-1 可知达西定律渗流速度公式可表示为

$$\begin{cases} v=\dfrac{k}{\mu_w}\dfrac{dp}{dr} \\ v=\dfrac{q_L B_w}{2\pi rh} \end{cases} \tag{6-20}$$

求解上述方程，得到：

$$\frac{2\pi kh}{\mu_W B_W}\mathrm{d}p = q_L\frac{\mathrm{d}r}{r} \tag{6-21}$$

两边进行积分，有

$$2\pi\int_{p_{wf}}^{p_r}\frac{kh}{\mu_w B_W}\mathrm{d}p = \int_{r_w}^{r_e} q_L\frac{\mathrm{d}r}{r} \tag{6-22}$$

求解得到达西渗流规律下井底流压与储层参数及排水量的动态预测模型，即

$$p_{wf} = p_r - \frac{B_w q_l \mu_w(\ln r_e - \ln r_w)}{2\pi Kh} \tag{6-23}$$

式中　r_e——单井泄流半径，m。

综上所述，外边界无限大地层、内边界定产与非定产条件下井底流压动态预测模型为：

$$\begin{cases} p_{wf} = p_r - \dfrac{B_w q_l \mu_w}{4\pi Kh}\ln\dfrac{2.25Kt}{r_w^2 \varphi \mu_W C_t} \\ p_{wf} = p_r - \dfrac{B_w q_l \mu_w(\ln r_e - \ln r_w)}{2\pi Kh} \end{cases} \tag{6-24}$$

式(6-24)表明，排水量、排采时间和煤储层的渗透率、煤厚、储水系数、水的黏度、泄流半径、井眼半径共同影响排采过程中井底流压的变化。式(6-20)表明定产生产条件下，井底流压随排采时间的增长呈负对数关系降低，式(6-24)表明在其他条件相同的情况下，排水量越大，生产压差越大，即井底流压越低。这与我们之前了解的排水降压过程是一致的，但实际生产过程中不能将增大排水量作为降低井底流压以提高产气量的唯一考虑因素，原因是排水过程是一个动态变化过程，过快的增大排水量，使得煤储层有效应力加大，孔隙迅速闭合，渗透率迅速降低，反而不利于压降漏斗的扩展。也不能一味地只考虑排采时间来确定井底流压，应综合分析排采时间与产水量得到最优值。因此在研究井底流压的变化过程中，应综合考虑各方面的因素，即使井底流压降低到最低值，又使压降漏斗得到有效的扩展，这样才能使煤层气最大程度的解吸，增加产能。

(2) 地层压力的确定

在井底流压确定的基础之上，利用气井生产动态资料(日产气量)，结合气井二项式产能方程，通过不关井试井的思想确定地层压力。由气井的二项式产能方程变形可得：

$$(p_R^2 - p_{wf}^2)/q_{sc} - Bq_{sc} = A \tag{6-25}$$

式中　P_R——地层压力，MPa；

A——二项式产能方程层流项系数；

B——二项式产能方程湍流项系数。

在较短的生产时间范围内，可近似认为二项式系数 A 为常数，由式(6-25)，对于任意 2 个生产数据点则有：

$$(p_R^2-p_{wf1}^2)/q_{sc1}-Bq_{sc1}=(p_R^2-p_{wf2}^2)/q_{sc2}-Bq_{sc2} \tag{6-26}$$

整理式(6-26)可得：

$$\frac{p_R^2}{q_{sc1}}-\frac{p_R^2}{q_{sc2}}-\left(\frac{p_{wf1}^2}{q_{sc1}}-\frac{p_{wf2}^2}{q_{sc2}}\right)=B(q_{sc1}-q_{sc2}) \tag{6-27}$$

同理可得：

$$\frac{p_R^2}{q_{sc2}}-\frac{p_R^2}{q_{sc3}}-\left(\frac{p_{w2}^2}{q_{sc2}}-\frac{p_{wf3}^2}{q_{sc3}}\right)=B(q_{sc2}-q_{sc3}) \tag{6-28}$$

联立式(6-27)与式(6-28)可得：

$$p_R=\left[\frac{\left(\frac{p_{wf1}^2}{q_{sc1}}-\frac{p_{wf2}^2}{q_{sc2}}\right)-\left(\frac{p_{wf2}^2}{q_{sc2}}-\frac{p_{wf3}^2}{q_{sc3}}\right)\left(\frac{q_{sc1}-q_{sc2}}{q_{sc2}-q_{sc3}}\right)}{\left(\frac{1}{q_{sc1}}-\frac{1}{q_{sc2}}\right)-\left(\frac{1}{q_{sc1}}-\frac{1}{q_{sc2}}\right)\left(\frac{q_{sc1}-q_{sc2}}{q_{sc2}-q_{sc3}}\right)}\right]^{0.5} \tag{6-29}$$

实际应用时，可采用 3 个点为 1 组，计算出相应的 P_R；取不同的组合后可获得多个 P_R，求其平均值作为目前的地层压力 P_R。求出地层压力 P_R后，结合确定的井底流压与日产气量，即可求取气井的二项式产能系数 A、B。确定二项式产能系数 A、B 的方法如下。

由气井的二项式产能方程变形可得：

$$(p_R^2-p_{wf}^2)/q_{sc}=A+Bq_{sc} \tag{6-30}$$

在直角坐标系中，作出$(p_R^2-p_{wf}^2)/q_{sc}$与 q_{sc} 的关系曲线，将数据点回归成一条直线，直线的截距即为二项式产能系数 A，直线的斜率即为二项式产能系数 B。在确定出二项式产能系数 A、B 的基础之上，最终可确定气井的二项式产能方程与无阻流量。

6.2.2 压力计算方法

(1) 储层压力

假设储气库注采井储层为圆形封闭空间，井筒注气过程可以看作流体呈平面径向流流入地层，则注气过程的拟压力方程为：

$$\frac{\partial^2\psi(p)}{\partial r^2}+\frac{1}{r}\frac{\partial\psi(p)}{\partial r}=\frac{1}{\eta}\frac{\partial\psi(p)}{\partial t} \tag{6-31}$$

初始条件为：

$$\psi(p)\big|_{t=0}=\psi(p_{\mathrm{i}}) \tag{6-32}$$

内边界条件为：

$$r\frac{\partial\psi(p)}{\partial r}\bigg|_{r=r_w}=\frac{G_{\mathrm{g}}\mu}{2\pi Kh} \tag{6-33}$$

外边界条件为：

$$\frac{\partial\psi(p)}{\partial r}\bigg|_{r=r_{\mathrm{e}}}=0 \tag{6-34}$$

其中

$$\psi(p)=2\int_0^p\frac{p}{\mu Z}\mathrm{d}p \tag{6-35}$$

$$\eta=\frac{K}{\phi\mu C(p)} \tag{6-36}$$

式中 $\psi(\cdot)$——拟压力函数；

p——t 时刻任一位置 r 处的压力，MPa；

r——储层中任意一点与井轴的距离，m；

η——导压系数，m^2/s；

t——注气时间，s；

p_{i}——储层初始压力，MPa；

r_{w}——井筒有效半径，m；

G_{g}——注气重力流量，N/s；

μ——黏度，mPa·s；

K——渗透率，mD；

h——储层有效厚度，m；

r_{e}——封闭储层外边界半径，m；

ϕ——孔隙度；

Z——井筒内气体偏差因子；

$C(p)$——气体等温压缩系数，MPa^{-1}。

在前述边界及初始条件下，将导压系数线性化，取 $C(p)=C(p_{\mathrm{i}})=1/p_{\mathrm{i}}$，则导压系数简化为 $\eta=Kp_{\mathrm{i}}(\phi\mu)$；联立式(6-31)~式(6-36)，对其进行求解得：

$$\psi(p)=\psi(p_{\mathrm{i}})+\frac{G_{\mathrm{g}}\mu}{2\pi Kh}\left(\ln\frac{r_{\mathrm{e}}}{r}-\frac{3}{4}+\frac{2\eta t}{r_{\mathrm{e}}^2}-0.84\mathrm{e}^{-14.682\frac{\eta t}{r_{\mathrm{e}}}}\right) \tag{6-37}$$

结合拟压力函数定义，若将 $\mu Z/p$ 视为常数，令 $C_1=\mu Z/p$，则有：

$$p-p_{\mathrm{i}}=\frac{C_1}{2}[\psi(p)-\psi(p_{\mathrm{i}})] \tag{6-38}$$

将重力流量转换成体积流量，并结合真实气体状态方程，则有：

$$G_{\mathrm{g}}=\frac{0.2315q_{\mathrm{g}}T_{\mathrm{f}}p_{\mathrm{a}}\overline{Z}}{T_{\mathrm{a}}} \tag{6-39}$$

式中 q_{g}——气井注气量，$10^4\mathrm{m}^3/\mathrm{d}$；

T_{f}——地层温度，K；

T_{a}——标准大气压，MPa；

$\overline{Z}$——地层温度、地层平均压力下的天然气偏差因子；

p_{a}——标准状况温度，K。

将式(6-37)和式(6-38)代入式(6-39)，得到注气后储层压力计算公式为：

$$p_{\mathrm{r}}=p_{\mathrm{i}}+\frac{0.0579C_1q_{\mathrm{g}}\mu T_{\mathrm{f}}p_{\mathrm{a}}\overline{Z}}{\pi Kh\qquad T_{\mathrm{a}}}\times\left(\ln\frac{r_{\mathrm{e}}}{r}-\frac{3}{4}+\frac{2\eta t}{r_{\mathrm{e}}^2}-0.84\mathrm{e}^{-14.682\frac{m}{r_{\mathrm{e}}^2}}\right) \tag{6-40}$$

式中 p_{r}——t 时刻探测半径 r 处的储层压力，MPa。

(2) 井底压力

通过产能方程建立储层压力与井底压力(井底流压)之间的联系，依据前述求得的储层压力，结合注气量，从而计算得到井底压力。产能方程一般分为二项式产能方程和指数式产能方程，二项式产能方程为：

$$p_{\mathrm{wf}}^2=p_{\mathrm{r}}^2+Aq_{\mathrm{g}}+Bq_{\mathrm{g}}^2 \tag{6-41}$$

式中 p_{wf}^2——井底压力，MPa；

A——二项式产能方程层流系数，$\mathrm{MPa}/(10^4\mathrm{m}^3\cdot\mathrm{d}^{-1})$；

B——二项式产能方程紊流系数，$\mathrm{MPa}/(10^4\mathrm{m}^3\cdot\mathrm{d}^{-1})^2$。

指数式产能方程为：

$$p_{\mathrm{wf}}^2=p_{\mathrm{r}}^2+\left(\frac{q_{\mathrm{g}}}{C}\right)^{\frac{1}{n}}NNnn \tag{6-42}$$

式中 C——产能方程系数，$\mathrm{MPa}/(10^4\mathrm{m}^3\cdot\mathrm{d}^{-1})^{2n}$；

n——渗流指数。

(3) 井口压力

注采井注气不一定是连续的，可能存在临时关井的情况。因此，井口压力计算方法可分为注气时井口压力计算方法和关井时井口压力计算方法。

1）注气时井口压力

注采井注气期间，天然气可看作干气，由于注采井井筒长度相对其直径非常大，井筒中的垂直流动可视为以井筒距离为自变量的一维流动，即拟稳定状态流动，满足井筒压力变化规律。根据 Cullender 和 Smith 提出的井筒内流体流动的垂直管流方程，建立井底压力与井口压力之间的关系，结合前述求得的井底压力，进而推导得到注气时的井口压力。研究过程中，假设储气库垂直注采井井筒内的流动为单相均质流体的稳定流动，而对于单相均质流体的稳定流动过程，考虑气体在管内与注采井筒壁面所产生的摩擦压力损失，依据注采井筒内的能量平衡，利用伯努利方程，得到以注采井井底为基准面，通过垂直井筒任一流动截面上单位体积气体的压力、动能、位能和由于摩擦产生的压力损失之和为一常数，即：

$$p+\rho_{g}gd+\frac{1}{2}\rho_{g}v^{2}-\Delta p_{f}=C_{0} \tag{6-43}$$

式中 p——任一流动截面上单位体积气体的压力，MPa；

ρ_{g}——任一流动截面上气体的密度，kg/m^3；

g——重力加速度，m/s^2；

d——注采井井筒内径，m；

v——井筒内流体的流动速度，m/s；

Δp_{f}——任一流动截面上单位体积气体的摩擦压力损失，MPa；

C_0——井筒内的总压力损失常数，MPa。

其中

$$\Delta p_{f}=\frac{f\rho_{g}v^{2}L}{2d} \tag{6-44}$$

式中 f——井筒摩擦系数；

L——注采井筒井底深度，m。

将式(6-44)代入式(6-43)，并微分得：

$$\frac{\mathrm{d}p}{\rho_{g}}+\left(1-\frac{fv^{2}}{2gd}\right)\mathrm{d}L+\frac{v}{g}\mathrm{d}v=0 \tag{6-45}$$

若忽略流体动能的影响，则以注采井井底为基准面，垂直井筒任一流动截面上压力变化的微分方程为：

$$\frac{\mathrm{d}p}{\rho_{g}}=\left(\frac{fv^{2}}{2gd}-1\right)\mathrm{d}L \tag{6-46}$$

其中

$$f=\begin{cases}\dfrac{64}{Re} & Re\leqslant 2000\\ \left[1.14-4.606\ln\left(\dfrac{\varepsilon}{d}+\dfrac{21.25}{Re^{0.9}}\right)\right]^{-2} & Re>2000\end{cases} \tag{6-47}$$

式中　Re——雷诺数；

ε——注采井井筒内管道的粗糙度，m。

根据气体流动方程，管内流动气体的密度 ρ_g 为：

$$\rho_g=\frac{28.97\gamma_{gp}}{ZRT} \tag{6-48}$$

$$v=\frac{0.463Tp_{sc}Zq_g}{\pi T_{sc}pd^2} \tag{6-49}$$

式中　p_{sc}——拟对比压力，MPa；

T_{sc}——拟对比温度，K。

将式(6-46)~式(6-48)代入式(6-49)，整理得：

$$\left(\frac{0.0345ZRT}{\gamma_g g}\right)p\mathrm{d}p=\left[\frac{0.1072f\,(q_g p_{sc}ZT)^2}{g\pi^2d^5T_{sc}^2}-p^2\right]\mathrm{d}L \tag{6-50}$$

将式(6-50)中的 T 和 Z 取平均值 $\overline{T}$、$\overline{Z_f}$，并对其从井底到井口进行积分，并整理得到井口压力计算公式为：

$$p_h=\sqrt{\frac{p_{wf}^2}{e^{2S}}+\frac{1.324\times10^{-10}f\,(q_g\,\overline{TZ_f})^2}{d^5e^{2S}}(e^{2S}-1)} \tag{6-51}$$

其中

$$S=\frac{0.03415\gamma_g H}{\overline{TZ_f}} \tag{6-52}$$

式中　p_h——井口压力，MPa；

$\overline{T}$——井筒的平均温度，K；

$\overline{Z}_f$——井筒的平均压缩因子。

2）关井时井口压力

由于关井时气体不流动，则井口压力为：

$$\mathrm{d}p_h=\rho_g g\mathrm{d}L \tag{6-53}$$

即可进行求解。上述 2 种井口压力计算方法均采用迭代法和逐点计算法进行求解。

6.2.3 改进的粒子群优化算法

(1) 基本粒子群优化算法

基本粒子群优化算法的主要步骤为：

① 产生初始种群。随机产生 N 个粒子作为初始种群，各粒子为需要拟合的参数。

$$X_{id}=X_{i\min}+(X_{i\max}-X_{i\min})F_i \tag{6-54}$$

式中 X_{id}——表示第 i 个粒子第 d 维的位置；

$X_{i\min}$——表示第 i 个粒子第 d 维最小值的位置；

$X_{i\max}$——表示第 i 个粒子第 d 维最大值的位置；

F_i——产生(0，1)区间上随机数的函数。

② 计算目标函数值。目标函数值的大小表明粒子的优劣程度，以计算井口压力与实测井口压力的最小均方根误差为目标函数，计算公式为：

$$\min\left(\frac{1}{m}\sqrt{\sum_{j=1}^{m}(p_{hj}-p_{hj}^{real})^2}\right) \tag{6-55}$$

式中 p_{hj}——第 j 天的计算井口压力，MPa；

p_{hj}^{real}——第 j 天的实测井口压力，MPa；

m——注气时间，d。

③ 更新粒子速度和位置。

速度更新公式为：

$$v_{id}=\omega v_{id}+2F_i(P_{id}-X_{id})+2F_i(P_{gd}-X_{id}) \tag{6-56}$$

位置更新公式为：

$$X_{id}=X_{id}+v_{id} \tag{6-57}$$

式中 ω——惯性因子；

v_{id}——第 i 个粒子第 d 维的速度；

P_{id}——第 i 个粒子第 d 维的位置；

P_{gd}——全局最优解第 d 维的位置。惯性因子为非负值，其值较大时，全局寻优能力强，局部寻优能力弱；较小时，全局寻优能力弱，局部寻优能力强。

(2) 改进粒子群优化算法

改进粒子群优化算法的主要步骤为：

① 产生初始种群。与基本粒子群优化算法一致，各粒子为需要拟合的参数，包括平均渗透率、探测半径等地层参数，同式(6-57)。

② 计算目标函数值。将产生的初始种群，作为初始条件代入式(6-41)，计算出储气库的储层压力，根据式(6-42)或(6-44)计算出注采井井底压力，将其代入式(6-53)或式(6-55)，计算得到注采井的井口压力，然后再通过式(6-57)计算得到各粒子的目标函数值。

③ 更新粒子的速度和位置。通过引入自动调整的策略，可以对全局寻优性能和局部寻优性能进行调整，从而达到加速收敛的效果，节约时间代价。其中，粒子的速度更新公式同式(6-58)，位置更新公式同式(6-59)。

$$\omega=\begin{cases}\dfrac{0.64(f_i-f_{\min})}{\bar{f}-f_{\min}} & f_i<\bar{f}\\ 0.64 & f_i\geqslant\bar{f}\end{cases} \tag{6-58}$$

式中 f_i——第 i 个粒子目标函数值；

$f_{\min}$——目标函数值的最小值；

$\bar{f}$——目标函数值的平均值。

④ 变异策略。引入变异策略，随机选择第 i 个粒子的第 d 维进行变异，增加种群的多样性。

$$X_{\mathrm{id}}=X_{\mathrm{id}}+F_2 \tag{6-59}$$

式中 F_2——产生(-1，1)区间上随机数的函数。

重复步骤，直至种群中粒子表现满足收敛结束条件时停止。

此时种群的全局最优粒子，即为使计算井口压力与实测井口压力达到最优拟合的平均渗透率、探测半径等地层参数，从而求得储层压力和井底压力，进一步基于确定的地层参数预测后期的压力。基于改进粒子群优化算法的压力和地层参数计算流程如文中所示。

6.2.4 单井采气数据拟合

选取6#区块采气数据进行分析，采气时间为2019.11.30~2020.1.31，计算的结果如表6-1所示。

表 6-1　区块采气数据

储 6-1				储 6-2			
油压/MPa	套压/MPa	日采气/Nm^3	累计采气/Nm^3	油压/MPa	套压/MPa	日采气/Nm^3	累计采气/Nm^3
23.75	0	209438	209438	23.56	0.39	221481	221481
16.4	0	199962	409400	21.05	3.49	213634	435115
16.24	0	355018	764418	20.57	3.49	409986	845101
18.98	0	352199	1116617	19.84	4.14	401066	1246167
20.35	0	352189	1468806	19.72	4.28	372160	1618327
19.69	0	387031	1855837	19.53	4.29	385079	2003406
18.24	0	383783	2239620	19.25	4.3	381847	2385253
18.56	0	389049	2628669	18.59	1.28	399462	2784715

矿场中单井井口产量和压力值最为丰富，可以采用一种利用单井生产历史数据(产气量、井口压力)来计算气井动态储量和单井产能的优化动态拟合方法。通过求取最优二项式产能系数 A、B 值和单井控制储量 G 组合，建立理论模型并与实际模型对比，达到获取气井动态参数的目的。

求取的基本思路是：

① 输入储层温度、原始地层压力、储层中深和井身结构；

② 根据气井生产特征给出产能系数 A、B 和单井控制储量 G 的范围；

③ 直接调用生产历史数据，绘制气井生产动态曲线；

④ 将井底流压作为已知数据计算生产气井的产气量与产水量；

⑤ 通过调整新模型参数，对生产气井的产气量与产水量进行自动优化拟合计算，达到要求精度时退出计算，输出结果。

自动拟合算法的实质是参数识别问题，即寻求最优参数理论值与实测值的最佳拟合，使其偏差为最小，可表示为：

$$E = \sum_{i=1}^{n}[q_{gci}(A, B, G) - q_{gci}]^2 + \sum_{i=1}^{n}[q_{gci}(A, B, G) - q_{gci}]^2 \quad (6-60)$$

上面为非线性最小二乘问题。采用自动拟合方法进行拟合，寻求一组合理参数使目标函数达到最小，采用自动拟合方法进行自动拟合。计算时要求适当地给出各参数的上下界限。如果上下界限不恰当，计算结束时，某些参数的计算值等于所给的边界值，将其边界扩展，重新进行计算，直到获得满意值为止。历史拟合结果如图 6-2 和图 6-3 所示。

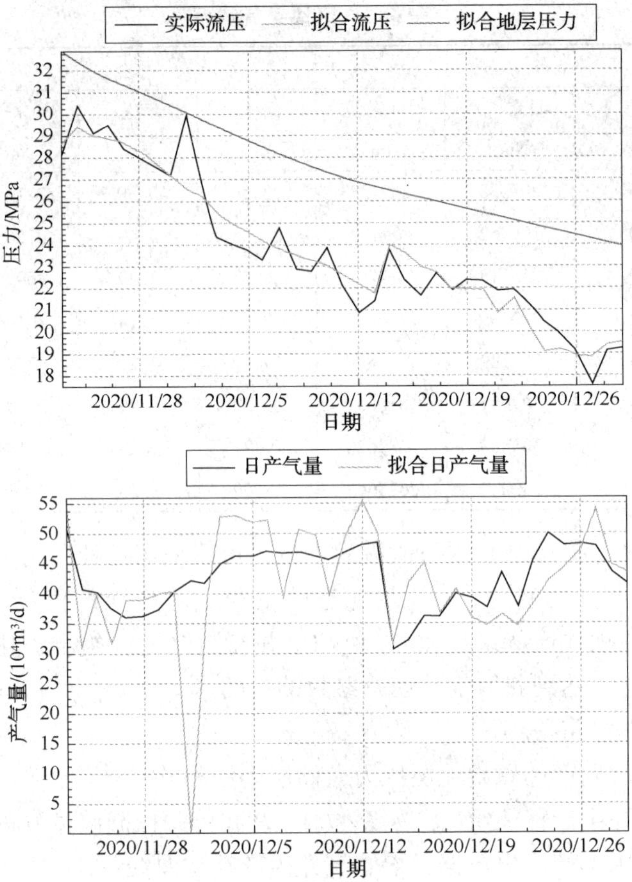

图 6-2　储 2-1 数据历史拟合

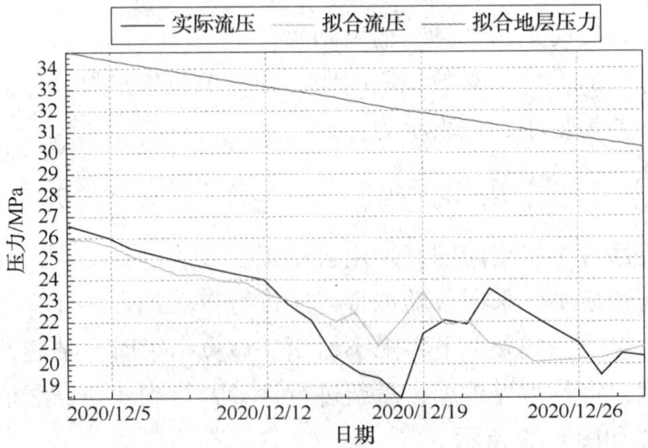

图 6-3　储 2-2 数据历史拟合

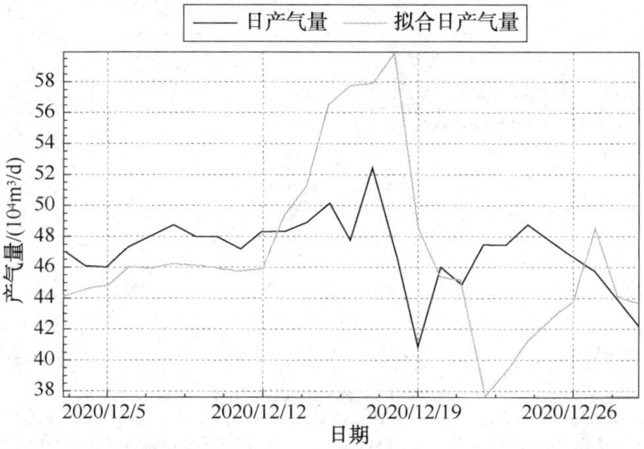

图 6-3　储 2-2 数据历史拟合(续)

6.2.5　管柱注采能力分析

(1) 第一类储层管柱注采能力分析

结合地质与气藏工程预测，设置第一类储层地层压力为 26.78MPa，根据第一类储层设置无阻流量 $40\times10^4m^3/d$、$80\times10^4m^3/d$、$120\times10^4m^3/d$、$160\times10^4m^3/d$ 进行油管尺寸对产量敏感性分析。分别计算地层压力 26.7MPa、25MPa、20MPa、15.4MPa，井口压力 6～15MPa，四种油管尺寸：ϕ73.02mm（d = 62mm）、ϕ88.9mm(d=76mm)、ϕ101.6mm(d=88.3mm)和 ϕ114.3mm(d=100.3mm)所对应的协调点产量。

由图 6-4 可以看出，无阻流量 $40\times10^4m^3/d$、$80\times10^4m^3/d$、$120\times10^4m^3/d$、$160\times10^4m^3/d$ 的气井，在井口压力为 6MPa 时，地层压力由 26.7MPa 降低至 15.4MPa，采用 ϕ114.3mm 油管的协调点产量由 $132.2\times10^4m^3/d$ 降低至 $66.8\times10^4m^3/d$；采用 ϕ101.6mm 油管的协调点产量由 $118.4\times10^4m^3/d$ 降低至 $59.8\times10^4m^3/d$；采用 ϕ88.9mm 油管的协调点产量由 $96.5\times10^4m^3/d$ 降低至 $48.7\times10^4m^3/d$；采用 ϕ73.02mm 油管的协调点产量由 $48.7\times10^4m^3/d$ 降低至 $33.1\times10^4m^3/d$。

由图 6-5 可以看出，无阻流量 $40\times10^4m^3/d$、$80\times10^4m^3/d$、$120\times10^4m^3/d$、$160\times10^4m^3/d$ 的气井，在井口压力为 10MPa 时，地层压力由 26.7MPa 降低至 15.4MPa，采用 ϕ114.3mm 油管的协调点产量由 $123.0\times10^4m^3/d$ 降低至 $46.0\times10^4m^3/d$；采用 ϕ101.6mm 油管的协调点产量由 $110.1\times10^4m^3/d$ 降低至 $42.0\times10^4m^3/d$；采用 ϕ88.9mm 油管的协调点产量由 $89.6\times10^4m^3/d$ 降低至 $34.2\times10^4m^3/d$；采用 ϕ73.02mm 油管的协调点产量由 $60.7\times10^4m^3/d$ 降低至 $23.2\times10^4m^3/d$。

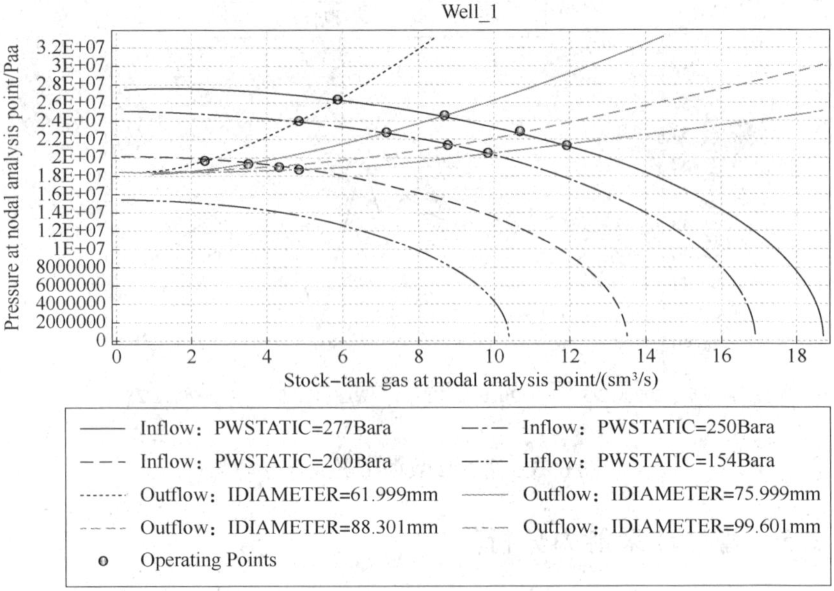

图 6-4　井口压力 6MPa 时油管对产量敏感性分析

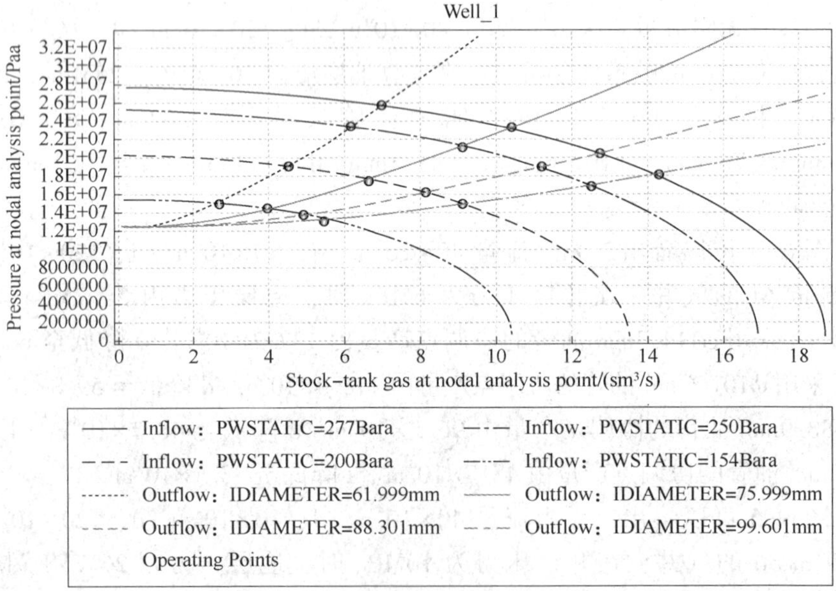

图 6-5　井口压力 10MPa 时油管对产量敏感性分析

由图 6-6 可以看出，无阻流量 $40\times10^4m^3/d$、$80\times10^4m^3/d$、$120\times10^4m^3/d$、$160\times10^4m^3/d$ 的气井，在井口压力为 15MPa 时，地层压力由 26.7MPa 降低至

15.4MPa，采用 ϕ114.3mm 油管的协调点产量由 103.2×10^4m^3/d 降低至 41.7×10^4m^3/d；采用 ϕ101.6mm 油管的协调点产量由 92.2×10^4m^3/d 降低至 36.2×10^4m^3/d；采用 ϕ88.9mm 油管的协调点产量由 75.0×10^4m^3/d 降低至 30.2×10^4m^3/d；采用 ϕ73.02mm 油管的协调点产量由 50.7×10^4m^3/d 降低至 20.4×10^4m^3/d。

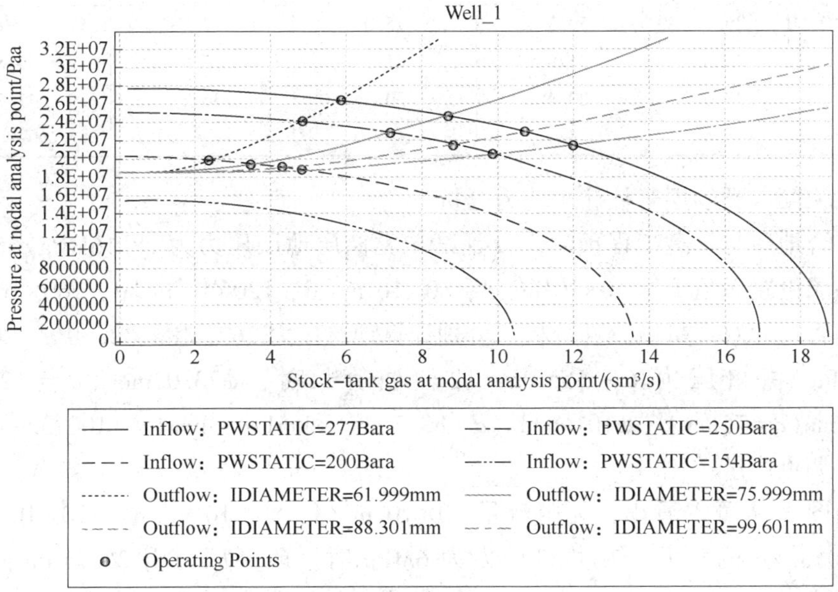

图 6-6 井口压力 15MPa 时油管对产量敏感性分析

不同产能气井油管敏感性分析数据见表 6-2。

表 6-2 不同产能气井油管敏感性分析数据(一)

井口压力/MPa	地层压力/MPa	ϕ73.02mm (d=62mm) 协调产量/(10^4m^3/d)	ϕ88.9mm (d=76mm) 协调产量/(10^4m^3/d)	ϕ101.6mm (d=88.3mm) 协调产量/(10^4m^3/d)	ϕ114.3mm (d=100.3mm) 协调产量/(10^4m^3/d)
6.0	26.7	48.7	96.5	118.4	132.2
	25.0	58.5	86.3	105.9	118.2
	20.0	45.5	66.1	82.3	91.9
	15.4	33.1	48.7	59.8	66.8
10.0	26.7	60.7	89.6	110.1	123.0
	25.0	53.3	78.7	96.6	106.9
	20.0	38.8	56.2	70.2	78.5
	15.4	23.2	34.2	42.0	46.0

续表

井口压力/MPa	地层压力/MPa	ϕ73.02mm（d=62mm）协调产量/（$10^4m^3/d$）	ϕ88.9mm（d=76mm）协调产量/（$10^4m^3/d$）	ϕ101.6mm（d=88.3mm）协调产量/（$10^4m^3/d$）	ϕ114.3mm（d=100.3mm）协调产量/（$10^4m^3/d$）
15.0	26.7	50.7	75.0	92.2	103.2
	25.0	41.8	61.7	75.8	84.8
	20.0	20.4	30.2	36.2	41.7
	15.4	—	—	—	—

（2）第二类储层管柱注采能力分析

结合地质与气藏工程预测，设置第二类储层地层压力为28.16MPa。根据第二类储层设置无阻流量$40×10^4m^3/d$、$80×10^4m^3/d$、$120×10^4m^3/d$、$160×10^4m^3/d$进行油管尺寸对产量敏感性分析。分别计算地层压力26.7MPa、25MPa、20MPa、15.4MPa，井口压力6－15MPa，四种油管尺寸：ϕ73.02mm（d=62mm）、ϕ88.9mm（d=76mm）、ϕ101.6mm（d=88.3mm）和ϕ114.3mm（d=100.3mm）所对应的协调点产量。

由图6-7可以看出，无阻流量$40×10^4m^3/d$、$80×10^4m^3/d$、$120×10^4m^3/d$、$160×10^4m^3/d$的气井，在井口压力为6MPa时，地层压力由26.7MPa降低至

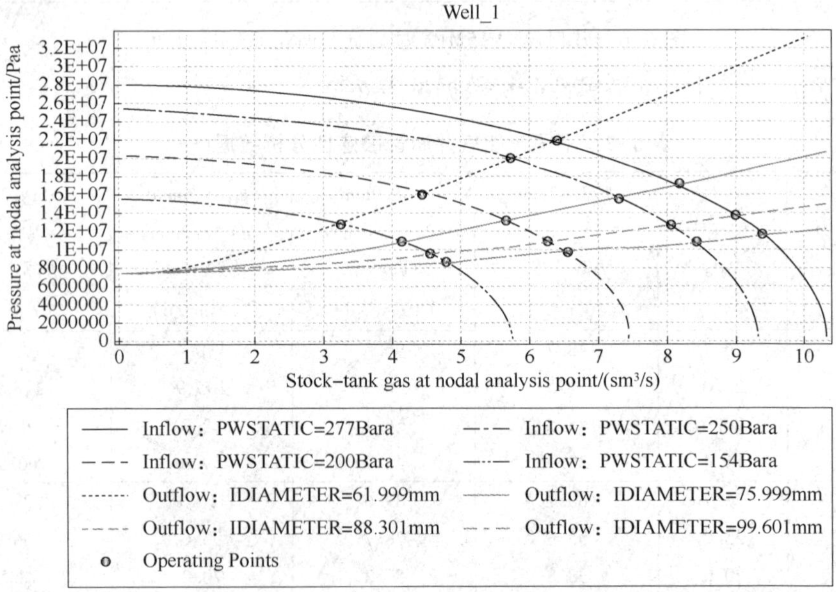

图6-7　井口压力6MPa时油管对产量敏感性分析

15.4MPa，采用 ϕ114.3mm 油管的协调点产量由 81.3×10^{4}m^3/d 降低至 41.2×10^{4}m^3/d；采用 ϕ101.6mm 油管的协调点产量由 76.8×10^{4}m^3/d 降低至 39.3×10^{4}m^3/d；采用 ϕ88.9mm 油管的协调点产量由 70.6×10^{4}m^3/d 降低至 35.6×10^{4}m^3/d；采用 ϕ73.02mm 油管的协调点产量由 55.3×10^{4}m^3/d 降低至 26.9×10^{4}m^3/d。

由图 6-8 可以看出，无阻流量 40×10^{4}m^3/d、80×10^{4}m^3/d、120×10^{4}m^3/d、160×10^{4}m^3/d 的气井，在井口压力为 10MPa 时，地层压力由 26.7MPa 降低至 15.4MPa，采用 ϕ114.3mm 油管的协调点产量由 75.7×10^{4}m^3/d 降低至 28.8×10^{4}m^3/d；采用 ϕ101.6mm 油管的协调点产量由 72.4×10^{4}m^3/d 降低至 26.5×10^{4}m^3/d；采用 ϕ88.9mm 油管的协调点产量由 65.6×10^{4}m^3/d 降低至 24.9×10^{4}m^3/d；采用 ϕ73.02mm 油管的协调点产量由 51.4×10^{4}m^3/d 降低至 19.5×10^{4}m^3/d。

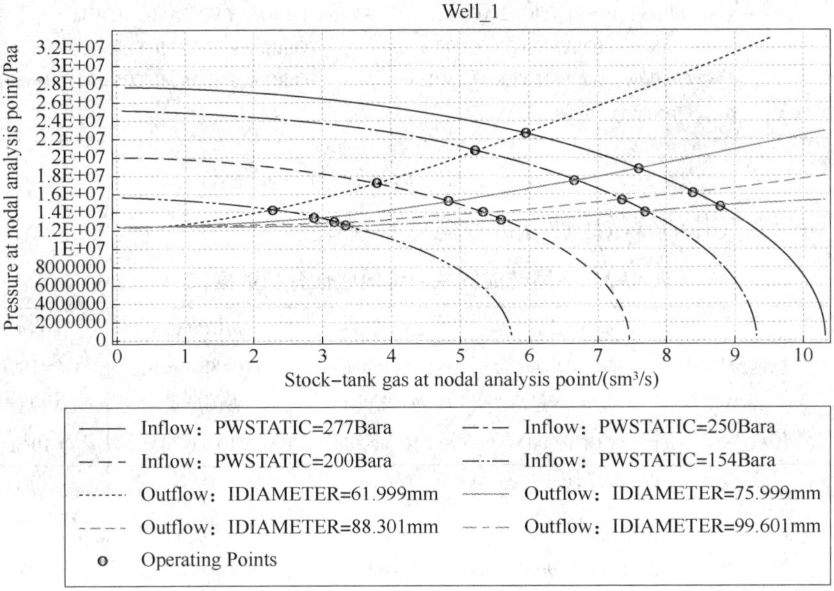

图 6-8 井口压力 10MPa 时油管对产量敏感性分析

由图 6-9 可以看出，无阻流量 40×10^{4}m^3/d、80×10^{4}m^3/d、120×10^{4}m^3/d、160×10^{4}m^3/d 的气井，在井口压力为 15MPa 时，地层压力由 26.7MPa 降低至 15.4MPa，采用 ϕ114.3mm 油管的协调点产量由 63.6×10^{4}m^3/d 降低至 25.2×10^{4}m^3/d；采用 ϕ101.6mm 油管的协调点产量由 60.8×10^{4}m^3/d 降低至 24.2×10^{4}m^3/d；采用 ϕ88.9mm 油管的协调点产量由 55.0×10^{4}m^3/d 降低至 21.8×10^{4}m^3/d；采用 ϕ73.02mm 油管的协调点产量由 43.0×10^{4}m^3/d 降低至 16.1×10^{4}m^3/d。

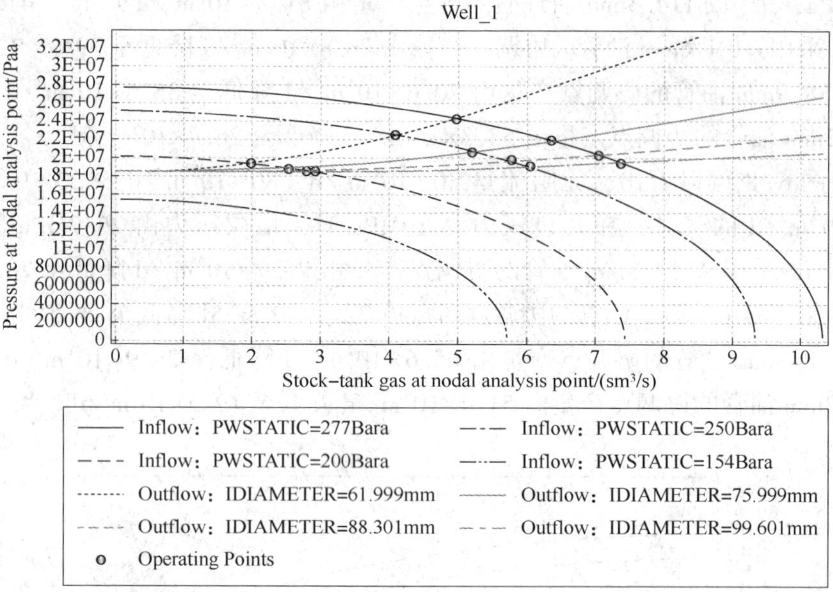

图 6-9 井口压力 15MPa 时油管对产量敏感性分析

不同产能气井油管敏感性分析数据见表 6-3。

表 6-3 不同产能气井油管敏感性分析数据(二)

井口压力/MPa	地层压力/MPa	φ73.02mm (d=62mm) 协调产量/($10^4m^3/d$)	φ88.9mm (d=76mm) 协调产量/($10^4m^3/d$)	φ101.6mm (d=88.3mm) 协调产量/($10^4m^3/d$)	φ114.3mm (d=100.3mm) 协调产量/($10^4m^3/d$)
6.0	26.7	55.3	70.6	76.8	81.3
	25.0	49.5	63.1	69.6	72.7
	20.0	38.4	49.0	54.1	56.6
	15.4	26.9	35.6	39.3	41.2
10.0	26.7	51.4	65.6	72.4	75.7
	25.0	45.1	56.6	63.5	66.4
	20.0	32.8	41.8	46.2	48.3
	15.4	19.5	24.9	26.5	28.8
15.0	26.7	43.0	55.0	60.8	63.6
	25.0	35.3	45.2	49.9	52.2
	20.0	16.1	21.8	24.2	25.2
	15.4	—	—	—	—

（3）第三类储层管柱注采能力分析

结合地质与气藏工程预测，设置第三类储层地层压力为 26.53MPa，根据第三类储层设置无阻流量 $40\times10^4 m^3/d$、$80\times10^4 m^3/d$、$120\times10^4 m^3/d$、$160\times10^4 m^3/d$ 进行油管尺寸对产量敏感性分析。分别计算地层压力 26.7MPa、25MPa、20MPa、15.4MPa，井口压力 6－15MPa，四种油管尺寸：$\phi73.02mm$（$d=62mm$）、$\phi88.9mm$（$d=76mm$）、$\phi101.6mm$（$d=88.3mm$）和 $\phi114.3mm$（$d=100.3mm$）所对应的协调点产量。

由图 6-10 可以看出，无阻流量 $40\times10^4 m^3/d$、$80\times10^4 m^3/d$、$120\times10^4 m^3/d$、$160\times10^4 m^3/d$ 的气井，在井口压力为 6MPa 时，地层压力由 26.7MPa 降低至 15.4MPa，采用 $\phi114.3mm$ 油管的协调点产量由 $61.2\times10^4 m^3/d$ 降低至 $30.9\times10^4 m^3/d$；采用 $\phi101.6mm$ 油管的协调点产量由 $59.6\times10^4 m^3/d$ 降低至 $30.0\times10^4 m^3/d$；采用 $\phi88.9mm$ 油管的协调点产量由 $56.2\times10^4 m^3/d$ 降低至 $28.3\times10^4 m^3/d$；采用 $\phi73.02mm$ 油管的协调点产量由 $46.5\times10^4 m^3/d$ 降低至 $23.9\times10^4 m^3/d$。

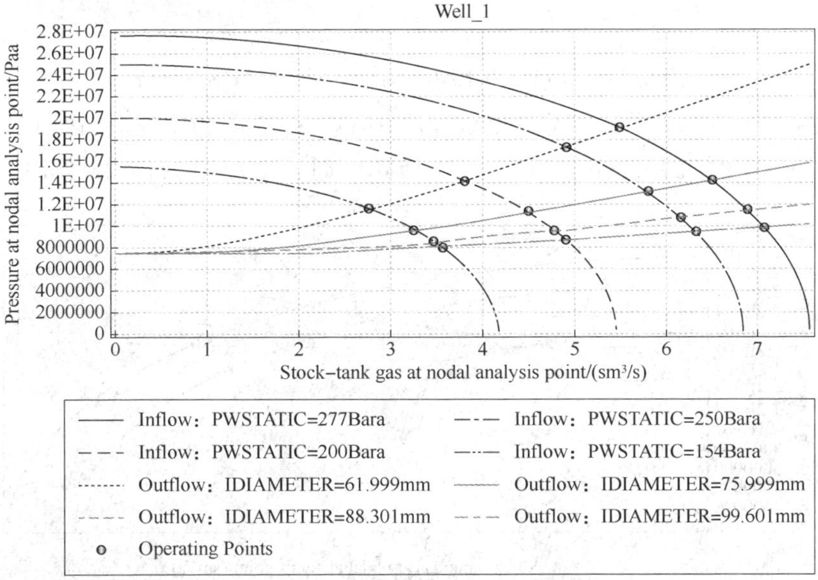

图 6-10　井口压力 6MPa 时油管对产量敏感性分析

由图 6-11 可以看出，无阻流量 $40\times10^4 m^3/d$、$80\times10^4 m^3/d$、$120\times10^4 m^3/d$、$160\times10^4 m^3/d$ 的气井，在井口压力为 10MPa 时，地层压力由 26.7MPa 降低至 15.4MPa，采用 $\phi114.3mm$ 油管的协调点产量由 $56.0\times10^4 m^3/d$ 降低至 $21.4\times10^4 m^3/d$；采用 $\phi101.6mm$ 油管的协调点产量由 $55.5\times10^4 m^3/d$ 降低至 $20.9\times10^4 m^3/d$；采用 $\phi88.9mm$ 油管的协调点产量由 $52.3\times10^4 m^3/d$ 降低至 $19.7\times10^4 m^3/d$；采用

ϕ73.02mm 油管的协调点产量由 44.2×10^{4}m^3/d 降低至 16.6×10^{4}m^3/d。

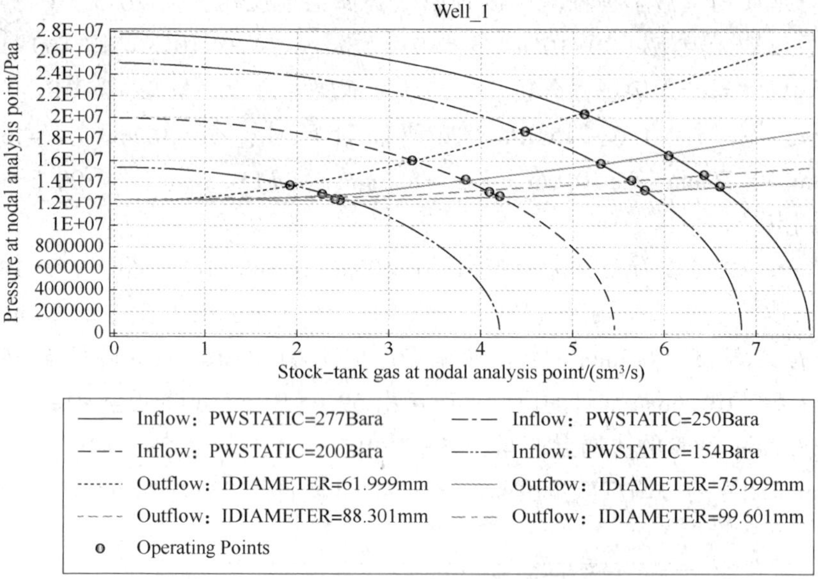

图 6-11　井口压力 10MPa 时油管对产量敏感性分析

由图 6-12 可以看出，无阻流量 40×10^{4}m^3/d、80×10^{4}m^3/d、120×10^{4}m^3/d、160×10^{4}m^3/d 的气井，在井口压力为 15MPa 时，地层压力由 26.7MPa 降低至

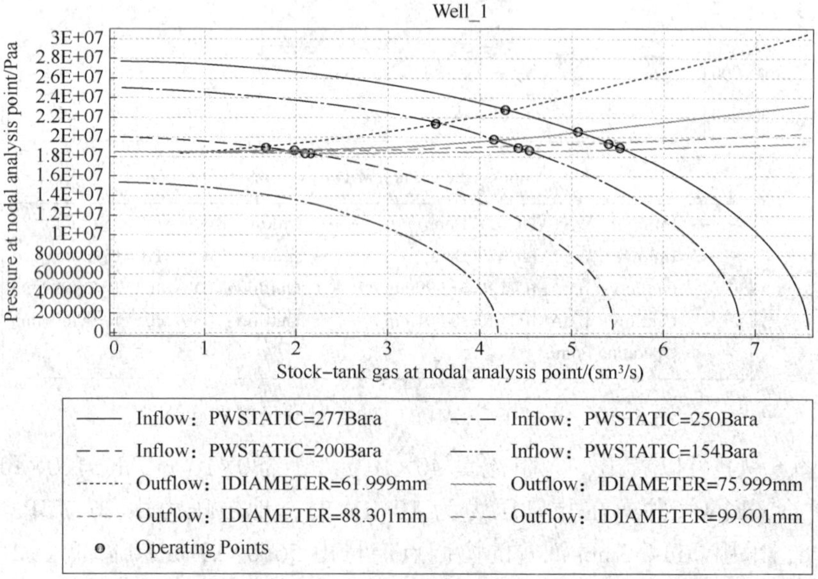

图 6-12　井口压力 15MPa 时油管对产量敏感性分析

15.4MPa，采用 ϕ114.3mm 油管的协调点产量由 $46.8\times10^4m^3/d$ 降低至 $18.5\times10^4m^3/d$；采用 ϕ101.6mm 油管的协调点产量由 $46.6\times10^4m^3/d$ 降低至 $18.1\times10^4m^3/d$；采用 ϕ88.9mm 油管的协调点产量由 $43.8\times10^4m^3/d$ 降低至 $16.1\times10^4m^3/d$；采用 ϕ73.02mm 油管的协调点产量由 $36.0\times10^4m^3/d$ 降低至 $14.5\times10^4m^3/d$。

不同产能气井油管敏感性分析数据见表 6-4。

表 6-4 不同产能气井油管敏感性分析数据(三)

井口压力/MPa	地层压力/MPa	ϕ73.02mm (d=62mm) 协调产量/($10^4m^3/d$)	ϕ88.9mm (d=76mm) 协调产量/($10^4m^3/d$)	ϕ101.6mm (d=88.3mm) 协调产量/($10^4m^3/d$)	ϕ114.3mm (d=100.3mm) 协调产量/($10^4m^3/d$)
6.0	26.7	46.5	56.2	59.6	61.2
	25.0	42.5	50.2	53.3	54.7
	20.0	32.9	39.0	41.4	42.5
	15.4	23.9	28.3	30.0	30.9
10.0	26.7	44.2	52.3	55.5	56.0
	25.0	38.7	45.8	48.7	50.0
	20.0	28.1	33.2	35.3	36.2
	15.4	16.6	19.7	20.9	21.4
15.0	26.7	36.0	43.8	46.6	46.8
	25.0	30.3	35.9	38.2	39.2
	20.0	14.5	16.1	18.1	18.5
	15.4	—	—	—	—

6.3 地面模型建立及工艺参数计算

6.3.1 建模过程

根据 HYSYS 内置装置(图 6-13)并结合文 23 储气库设计文件，以及实际运行数据，建立以注采站为节点，以三甘醇脱水工艺为核心的天然气脱水流程和三甘醇再生流程。根据设计图纸构建注气管网和采气管网注采端模型，利用 HYSYS 实现建模，输入关键参数进行模拟分析，设计输入端和输出端两端气量，分析不同注采气量下制约地面处理的工艺因素，为一体化模型建立提供基础数据，并通过多目标优化实现多节点分析与优化调整。

现场注采站图如图 6-14 所示。

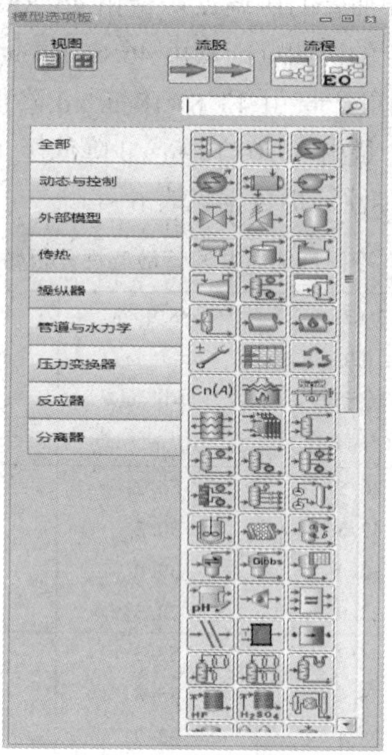

图 6-13 HYSYS 内置装置图

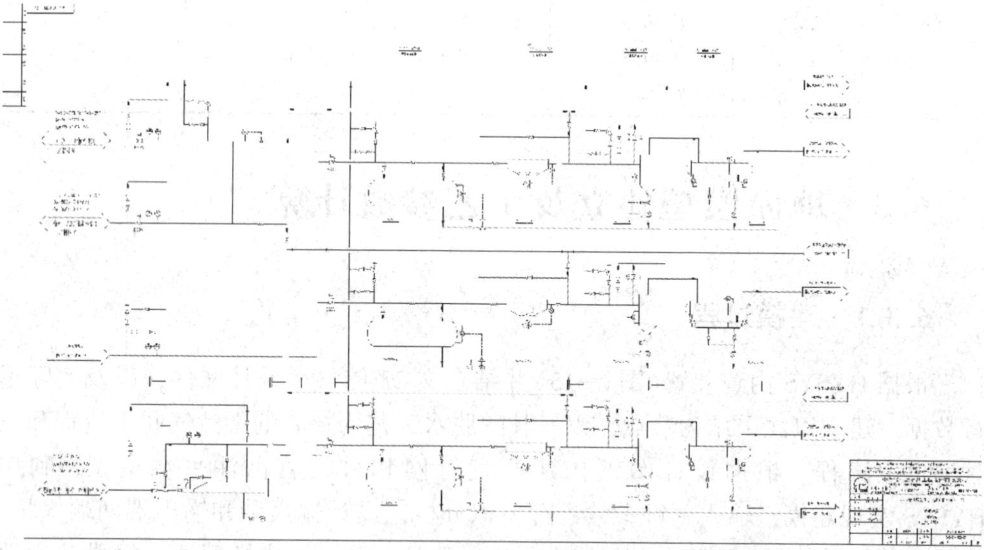

图 6-14 现场注采站图

① 设置物料流股数据(图 6-15)，首先定义物性包，然后将注采站实际运行数据输入其中。如此类推设置其余不同注采站的入口物料流股。

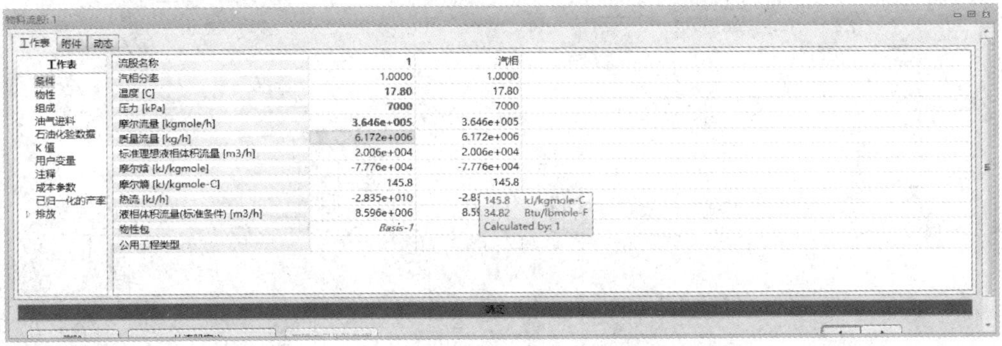

图 6-15　物料流股参数图

注采站入口设置图如图 6-16 所示。

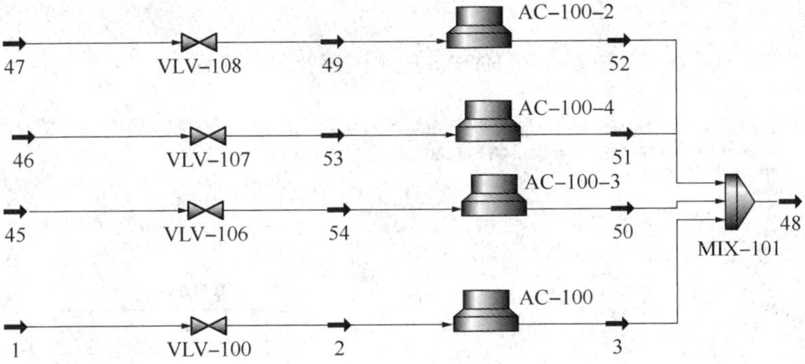

图 6-16　注采站入口设置图

② 按照注采站设计图的等效方式设置阀门、空冷器，最终通过搅拌器 MIX-101 进行合流汇总到核心天然气脱水流程和三甘醇再生流程(图 6-17)。

按照三甘醇脱水原理及再生工艺进行等效方式设置阀门、精馏塔、吸收塔、分离器、换热器、三通、泵等装置。通过对现场注采站进行分析，分别对其进行连接及参数设置(图 6-18 和图 6-19)，使其达到和现场情况一致。

其优点在于 HYSYS 各参数可根据注采站参数实时变化而进行针对性设计，可最优化地对调峰进行模拟。

最终得到 HYSYS 地面建模模型。可根据现场实际数据进行模拟并得到各注采场在不同情况下的模拟情况。

完整的 HYSYS 模型图如图 6-20 所示。

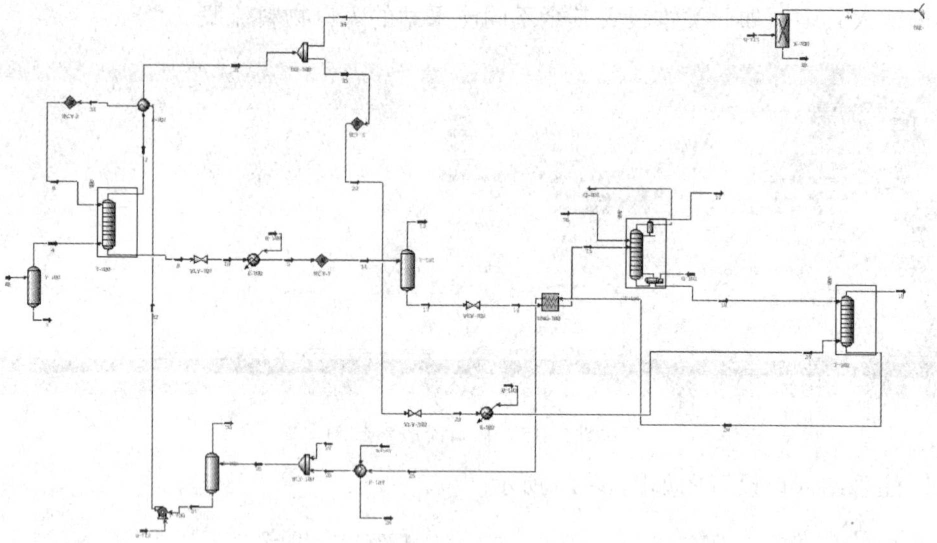

图 6-17 HYSYS 脱水流程及再生流程

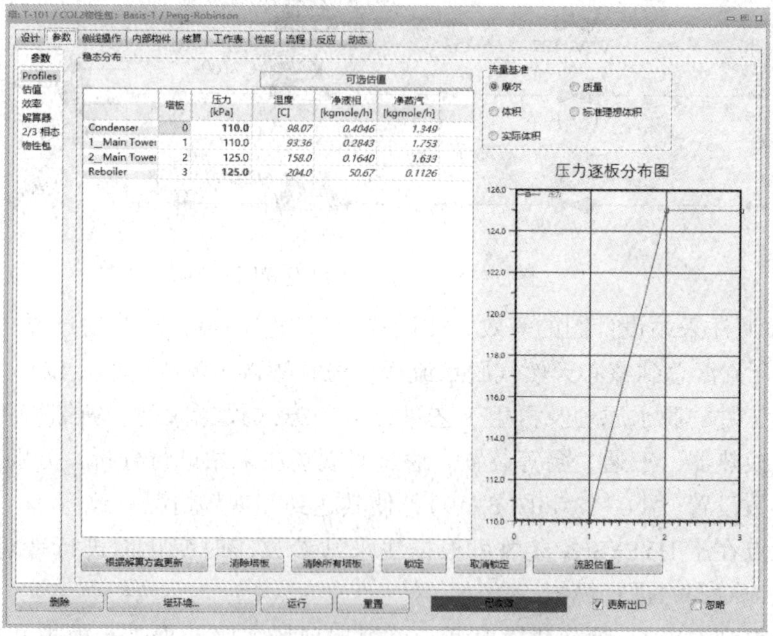

图 6-18 精馏塔参数设置

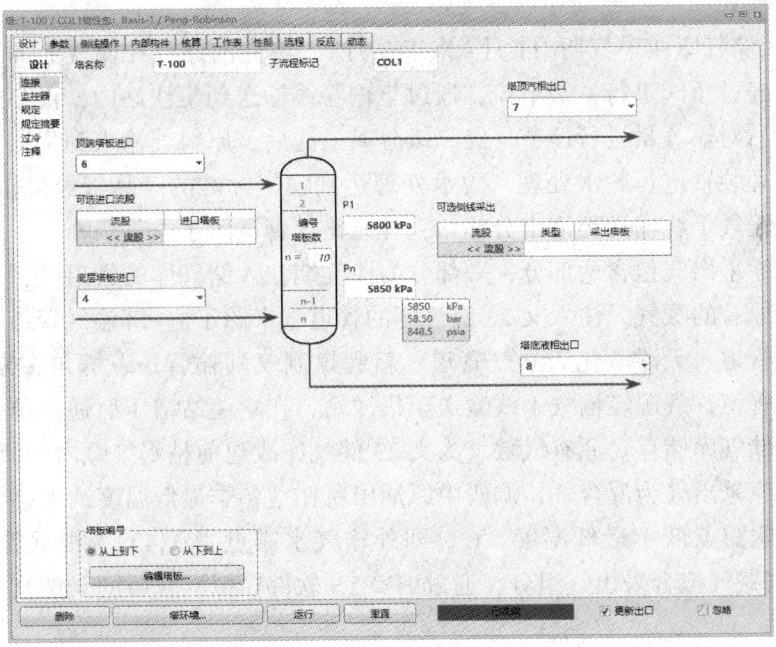

图 6-19　吸收塔连接设置

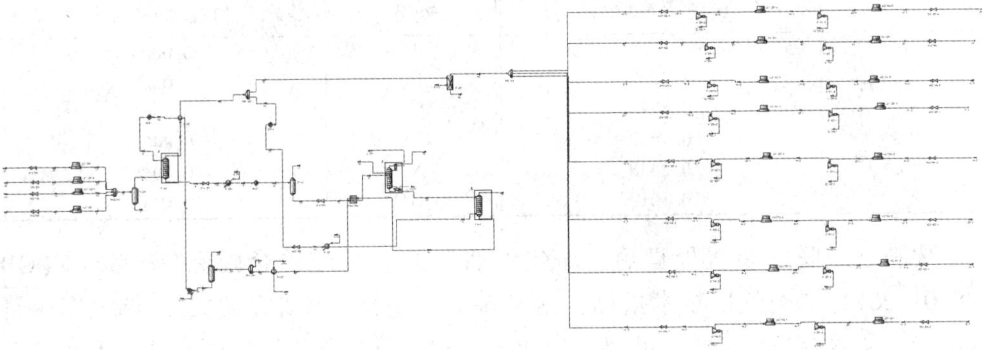

图 6-20　完整的 HYSYS 模型图

通过 HYSYS 的内置计算包—Aspen Energy Analyzer 对完整 HYSYS 能源利用率、目标利用率、碳排放、换热器具体情况进行分析计算，可初步得知节约潜力。

6.3.2　文 23 储气库天然气脱水条件

文 23 井口压力高，井流物中含饱和水，具有形成水化物冻堵地面管线的条件。气藏储气库具有温度高、井网密度大、单井管线距离短的特点，运行中没有像常规气田那样具有采收率限制、单井气量大、井口温度较高的特点，采用强注周期运行模式。

文23储气库在采气期(11月~来年3月)，将先前储存在储气库的天然气在采气井口经过角阀进行一级节流，通过集输管线输送到集注站内，由立式调节阀调压，之后对输气量进行调节，经二级分离过滤后，原料气输入到集注站的天然气脱水处理装置进行脱水处理，脱水处理达到输气标准的产品气经流量计计量，最后通过输气干线输送至清丰分输站，补充输气管道用于季节调峰。

储气库采出气包含两部分，一部分为注气期注入储气库的管道气，另一部分为储气库原有的藏气，注入文23储气库的管道气来源于榆-济输气管道、山东液化天然气管道、天津液化天然气管道、新疆煤制气外输管道、鄂尔多斯-安平-沧州输气管道，气源经输气干线输送至集注站，在集注站增压后通过单井注气管道输送到储气库储存。原有气藏气为文23储气库改建前枯竭气藏内残留的气体。

储气库采出气为混合气，调研中原油田所在地冬季最低温度约为-9℃，外输产品气需水露点低于最低温度5℃，即外输气水露点为-14℃。根据管道来气、文23原气藏气拟合采出气组分，通过HYSYS软件模拟混合后的天然气气体组成见表6-5。

表6-5　天然气组成

组分	组成/%(摩尔)	组分	组成/%(摩尔)
C_1	93.7222	nC_5	0.0805
C_2	3.3972	C_6	0.0620
C_3	0.8778	C_7	0.0360
iC_4	0.1658	CO_2	0.8404
nC_4	0.2430	N_2	0.4948
iC_5	0.1017	H_2O	0.0786

原料气经脱水装置处理后，净化天然气的质量应符合国标《天然气》(GB 17820—2012)二类气质技术指标，见表6-6。对于本书研究的文23储气库原料气，硫含量符合规范要求，并且二氧化碳体积分数符合二类气质要求，因此只需对从储气库采出的原料气进行脱水处理，使处理后的天然气达到管输要求即可。

表6-6　我国商品天然气质量指标(101.325kPa，20℃下)

指　标		三类	二类	一类
高位发热值/(MJ/m³)	≥	31.4	31.4	36.0
总硫含量/(mg/m³)	≤	350	200	60
硫化氢/(mg/m³)	≤	350	20	6
二氧化碳/%	≤	—	3.0	2.0
水露点		在交接压力下，水露点应比输送条件下最低环境温度低5℃		

6.4 三甘醇脱水工艺设计

三甘醇脱水主要脱水流程如下：

① 湿天然气首先经过过滤分离器，主要目的是分离掉湿天然气中游离液滴及天然气中含有的固体杂质，而后把过滤后的湿天然气输送到吸收塔下部。在吸收塔下部有气液分离腔，其主要作用是防止过滤分离器出现事故问题不能将游离液滴和固体杂质分离掉而直接与贫甘醇接触。湿天然气在吸收塔中从塔底部逐渐上升，在上升的过程中与其流动方向相反的、从吸收塔顶部进入的贫三甘醇液体接触，进行气体和液体间的传质交换，三甘醇脱除掉大部分水分后的天然气通过吸收塔塔顶设置的捕雾丝网，将气体携带出的大于5μm的三甘醇液滴除出去后经塔顶部输出。

② 脱水后的干天然气出吸收塔后，流经套管式气液换热器，与进吸收塔前的贫三甘醇溶液进行热交换，贫三甘醇的温度降低(三甘醇温度过高影响脱水效果)。干气随后进入外输气管网。吸收塔内设置气动薄膜调节阀控制塔内运行压力，在气动薄膜调节阀两侧设置旁通管路，旁通管路上设置节流阀，其作用是当装置启动及调节阀维修时，可利用旁通使设备正常运行。

③ 从吸收塔上部进入的贫三甘醇，从上到下经过一级级塔板，与输入吸收塔的湿天然气充分接触进而脱水。吸收水分后浓度变低成富三甘醇溶液需进行再生以提高浓度。富三甘醇与部分天然气的气液混合物进入到闪蒸罐。

④ 富三甘醇溶液在闪蒸罐中闪蒸分离出溶解在富三甘醇中的烃气体。再生塔塔顶盘管两端的连接部分设置旁通调节阀，用来控制富三甘醇溶液进入到再生塔盘管的流量，进而控制再生塔塔顶的三甘醇回流量。

⑤ 闪蒸后的三甘醇从闪蒸罐下部流出，先后经过滤布和活性炭过滤分离器，将富三甘醇溶液中直径大于5μm的固体杂质、溶解在富三甘醇溶液中的重烃以及三甘醇再生时的易发生降解物质分离掉。

⑥ 过滤后的富三甘醇进入贫/富液换热器，与由再生后温度较高的贫三甘醇溶液换热，升温后富三甘醇溶液进入三甘醇再生塔再生。

⑦ 在三甘醇再生塔中，通过提馏段、精馏段、塔顶回流及塔底重沸的综合作用，使富三甘醇中含有的水分及一小部分烃类气体(放空)分离出再生塔。

⑧ 重沸器中的贫甘醇溶液流入到贫液汽提柱，在贫液汽提柱下部输入热干气对贫三甘醇进行汽提，进一步提高贫三甘醇浓度。

⑨ 贫三甘醇溶液从缓冲罐进入贫/富液换热器，与从闪蒸罐出来的温度较低的富三甘醇溶液换热，温降后进三甘醇循环泵，增压后进套管式气液换热器与产品气换热降温后进吸收塔。工艺图流程如图 6-21 所示。

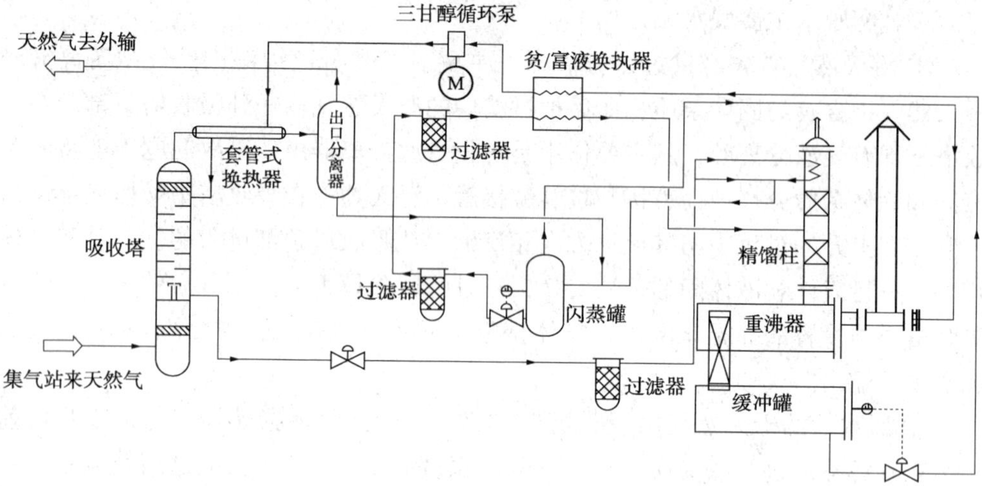

图 6-21　三甘醇脱水流程示意图

6.4.1　脱水装置设备

(1) 吸收部分主要设备

1) 吸收塔

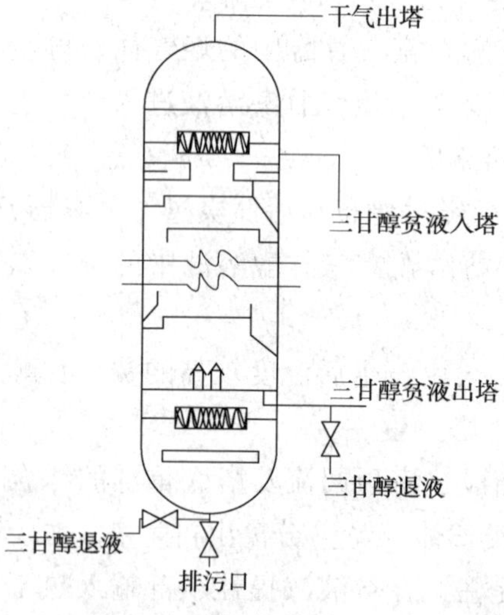

图 6-22　吸收塔结构图

吸收塔主要用于贫三甘醇与湿气交互，将净化天然气脱水为干气，富三甘醇溶液在吸收塔后段排出。吸收塔通常是由底部的洗涤器(分离器)、吸收塔中部的吸收段和吸收塔顶部的气体/TEG 贫液换热器及补雾器构成。吸收塔吸收段一般采用泡沫塔板，也可采用浮阀塔板或规整填料。泡沫塔板可用于像三甘醇吸收塔中这样的黏性液体和低液气比场合，其优点是气体流量较小时不会漏液，塔板上液体不会被排干，其结构图如图 6-22 所示。

2) 洗涤器(分离器)

进入吸收塔的原料气一般都含有固体和

液体杂质。一般置于吸收塔和原料气分离器中间，可以防止新鲜水或盐水、液烃、化学剂或水合物抑制剂以及其他杂质等大量和偶然进入吸收塔中。

3）原料气分离器

干气分离器一般置于吸收塔后，其功能是用于干气气液两相分离，将原料气中夹带的固体或液滴如沙子、管线腐蚀产物、液烃等过滤掉。通常采用卧式或立式分离器，分离器内部装有金属网除沫器，分离器结构图如图6-23所示。

（2）再生部分主要设备

1）闪蒸罐(闪蒸分离器)

三甘醇在吸收塔进行吸水的过程中，会吸收一些天然气中的烃类，包括芳香烃在内的重烃。闪蒸罐的主要作用是在低压下分离出富三甘醇中的烃类气体，防止溶液发泡，减少精馏柱的气体和三甘醇损失量，且保护环境。闪蒸罐的操作压力为0.27~0.62MPa(为使闪蒸气不经压缩可作为燃料气和汽提气，并保证富液有足够的压力)，溶液在罐内的停留时间一般为5~20min；重烃含量低的纯天然气，多数情况下停留10min即可，其结构图如图6-24所示。

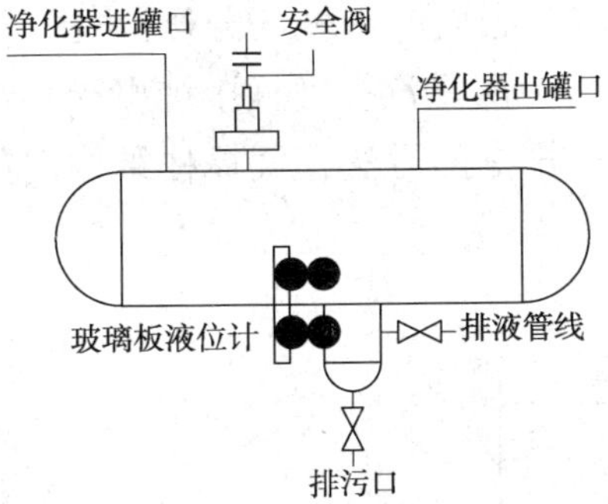

图6-23　原料气分离器结构图

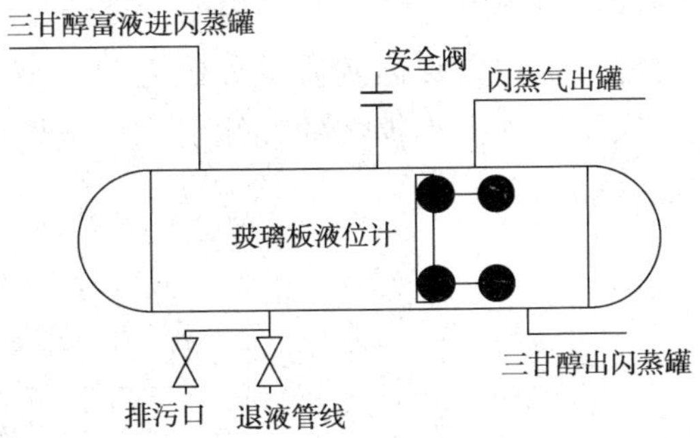

图6-24　闪蒸罐结构图

2）过滤器

过滤器的功能是除去溶解在三甘醇溶液中杂质以及固体粒子，常用的有滤芯和活性炭过滤器两种。前者是纤维制品，滤料选用纸张或玻璃纤维，主要的功能是除去溶解在三甘醇溶液中大于5μm的粒子；活性炭过滤器的功能是除去富三甘醇溶液中的溶解性杂质，如高沸点的烃类、三甘醇溶液的降解产物等杂质。

3）贫/富液换热器

贫/富液换热器是用来控制进闪蒸罐和过滤器的富三甘醇的温度，将贫三甘醇溶液的热量回收使富三甘醇溶液升温，升温后的富三甘醇溶液进入再生塔再生，可大大降低重沸器的热负荷。最常用的贫/富液换热器是管壳式换热器。

4）精馏柱

精馏柱常安装在重沸器顶部，柱内通常充填1.2~2.4m高的陶瓷或不锈钢填料，大型脱水装置有时会用塔板。精馏柱顶部设有冷却盘管作为回流冷凝器，其作用是将柱内上升的一部分水蒸气冷凝，成为精馏柱顶的回流，从而控制柱顶的温度，减少三甘醇损失量。

5）再生塔

重沸器的作用是为富三甘醇溶液提供热量，汽化富三甘醇溶液中的水分，从精馏柱顶排出。此外，提供回流热负荷，补充散热损失。

6）气提柱

气提柱安置在重沸器和缓冲罐中间，或在精馏柱内部。如果进料气温度高、压力低，则需要进行脱水的贫三甘醇的浓度比较高，要采用汽提气法提高贫三甘醇浓度，汽提气法是现行三甘醇脱水法中采用较多的提高贫三甘醇浓度的方法。汽提气要先经过加热，而后从贫液气提柱下方输入，汽提气与气提柱内的三甘醇溶液同热，且两者流动方向相反，充分接触，溶液表面的水蒸气分压降低，使三甘醇溶液得以提高到质量分数为98.5%以上。为防止汽提气直接排出产生污染，采用将含有汽提气的气体引入灼烧炉灼烧后排空的方法，气提柱结构图如图6-25所示。

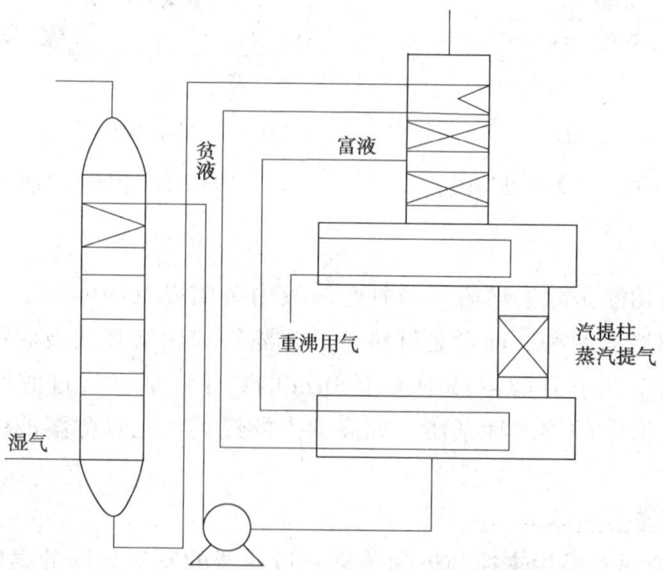

图6-25 气提柱结构图

(3) 其他脱水设备

1) 三甘醇循环泵

循环泵是三甘醇脱水装置的转动设备，其作用是将贫三甘醇升压后输送至吸收塔，结构图如图 6-26 所示。

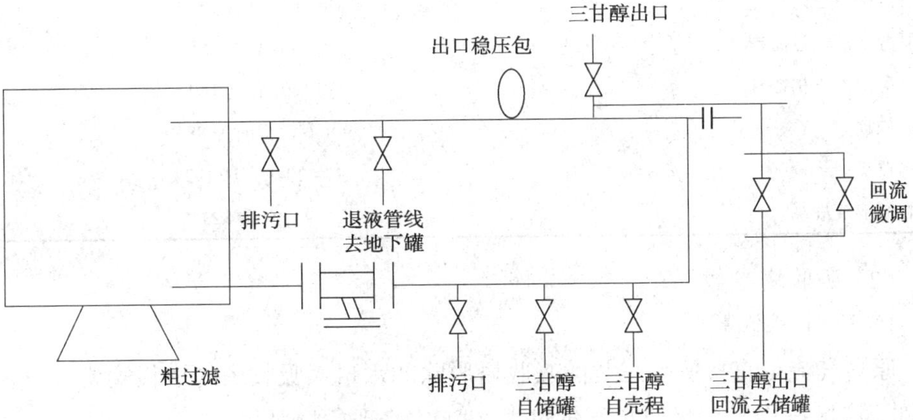

图 6-26　三甘醇循环泵结构图

2) 三甘醇储罐

三甘醇储罐的主要作用是储存和补充三甘醇溶液，结构图如图 6-27 所示。

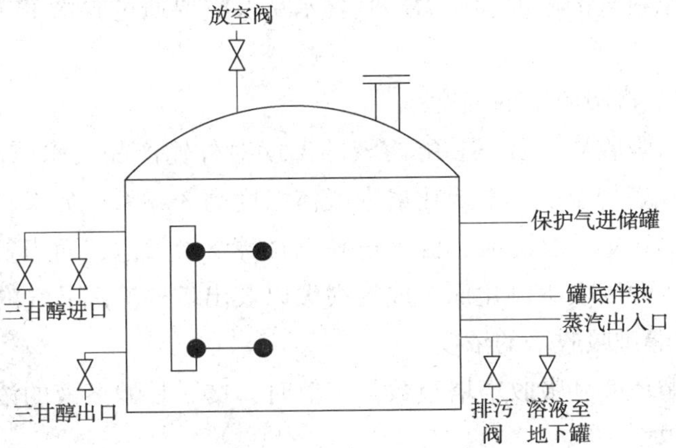

图 6-27　三甘醇储罐结构图

6.4.2　三甘醇脱水装置工艺参数

(1) 脱水装置操作温度

设计三甘醇脱水装置，甘醇脱水装置操作温度推荐值见表 6-7。

表 6-7 脱水装置操作温度推荐值

项目	温度或温度范围/℃
进料气	27~38
三甘醇溶液进吸收塔	气体 3~8
三甘醇溶液进闪蒸分离器	38~93(宜选 65)
三甘醇溶液进过滤器	38~93(宜选 65)
三甘醇溶液进精馏柱	93~149(宜选 149)
精馏柱顶	99(有汽提时为 88)
重沸器	177~204(宜选 193)
三甘醇溶液进泵	<93(宜选 82)

(2) 吸收塔参数

1) 原料气流量

原料气流量直接影响三甘醇吸收塔脱除的水量，吸收塔的塔板通常在气液比的“吹液”区操作，如果原料气量过大，“吹液”现象将恶化。

2) 原料气的温度和压力

采用三甘醇脱水工艺时，输入到吸收塔的原料气的流量比输入的贫三甘醇溶液流量大很多，所以一般认为进吸收塔的贫三甘醇溶液的温度与原料气温度近似相等，输入的原料气的温度和压力对其含水量及需要通过脱水工艺脱除的水量起决定作用。

3) 贫三甘醇进吸收塔的温度

从塔顶进入吸收塔的贫三甘醇溶液的温度对外输产品气水露点有较大影响，贫三甘醇进吸收塔的温度一般要比塔内气体温度高 3~8℃。如果贫三甘醇温度过低，气体中的部分重烃会冷凝，温度过高三甘醇溶液发泡，而当贫三甘醇溶液温度过高时，三甘醇因发生汽化而造成的损失以及出塔外输产品气的露点会增加。

4) 贫三甘醇进吸收塔的浓度

当三甘醇循环率和吸收塔塔板数是定值时，贫三甘醇溶液的浓度越高，天然气的露点降就越大。

5) 三甘醇比循环量

三甘醇比循环量是指吸收单位质量水蒸气(通常是 1kg 水蒸气)所需的三甘醇体积。当塔板数和贫三甘醇的浓度确定后，饱和气的露点降就是与三甘醇比循环量相关的函数。贫三甘醇进吸收塔的量越多，气体脱除的水蒸气也越多，但是三甘醇浓度主要影响干气的露点，三甘醇比循环量仅控制被清除的总的水量。

三甘醇的比循环量一般为 12.5~33L/kg(三甘醇/水)。对于小型脱水装置，塔板数通常为 4~6 块，三甘醇的比循环量可减少至 16.7L/kg(三甘醇/水)。

6）塔内压力

保持压力低于 20MPa(表压)，吸收塔压力就不会过大影响三甘醇脱水过程。当吸收塔温度不变时，进入吸收塔的气体含水量随压力增加而减少。气体在较高压力下脱水，水的清除量不大。在低压下，只需较薄的壁厚就能维持相应的压力，进而减少设备投资，一般情况下认为塔内压力为 3.45~8.27MPa 时，脱水系统是最经济的。

7）吸收塔塔板数

在三甘醇循环率和贫三甘醇浓度不变的情况下，塔板数越多，产品气露点越低，而重沸器的热负荷与三甘醇循环量有直接的关系，故可节约更多的燃料。通常将塔板数定为 6~8 块。

（3）再生塔参数

1）重沸器温度

再生贫三甘醇溶液浓度与重沸器的温度和压力有关。重沸器的温度可控制水在贫三甘醇溶液中的浓度，重沸器温度越低，贫三甘醇溶液浓度也越低。但是考虑到三甘醇溶液的热分解温度为 206.7℃，因此重沸器内温度在设置时理论上不会超过 204℃。

2）重沸器压力

重沸器压力高于大气压时，贫三甘醇的浓度和脱水效率明显降低，当重沸器压力低于大气压时，富三甘醇/水的混合物的沸腾温度会降低；而在同样重沸器温度下，贫三甘醇的浓度较高。但是重沸器很少在真空状态下工作，此外，使用汽提气再生三甘醇比较经济实惠。因此，重沸器的压力一般接近于常压。

3）汽提气

增大汽提气气量能够显著提高再生贫三甘醇溶液浓度。在常温常压下，常使用热干气作为汽提气，一般在要求贫三甘醇浓度高于 98.2%时采用汽提气法。

4）精馏柱温度

柱顶温度可通过调节柱顶回流量使其保持在 99℃左右。当柱顶温度低于 93℃时，水蒸气冷凝量过多，会在柱内产生液泛，甚至将液体从柱顶吹出；当柱顶温度超过 104℃时，三甘醇蒸气会从柱顶排出。采用汽提气法，柱顶温度可降至 88℃。

6.4.3 主要参数计算

通过现场调研及收集文23储气库采出气气质、环境温度等因素，确定三甘醇脱水装置的设计参数，见表6-8。

表6-8 脱水装置设计参数

项目	原料气	产品气	入塔贫三甘醇
压力/kPa	6050	5950	6050
温度/℃	30	31.5	38
C_1	93.72	93.79	0.08
C_2	3.29	3.29	0.01
C_3	0.88	0.88	0.00
CO_2	0.84	0.84	0.00
N_2	0.49	0.49	0.00
H_2O	0.078	0.00	5.05
TEG	0.00	0.00	94.86
操作状态下密度/(kg/m^3)	46.89	46.66	1116.58
流量/(kmol/h)	5950	5945	36.71

文23储气库脱水系统的设计物料参数见表6-9。

表6-9 设计物料参数表

项目	原料气	实际产品气	进塔贫甘醇
水露点/℃	26.83	-14	—
TEG质量浓度/%	—	—	99.22
水质量浓度/%	0.08	0.00	0.78
流量/(kg/h)	103473	103373	5348
生产量/(m^3/d)	—	300×10^4	—

(1) 吸收塔参数计算

图6-28不同三甘醇浓度下干气平衡水露点与吸收温度的关系提供了不同温度条件下与不同浓度甘醇接触时的平衡水露点，贫三甘醇溶液浓度是当进吸收塔的原料气和进塔三甘醇溶液充分接触达到平衡时，出塔干气达到平衡露点所需的最低浓度。吸收塔顶气液两相接触时间不足以达到平衡，出塔干气不能达到平衡水露点。出塔干气的真实水露点比平衡水露点高，即：

$$t_r = t_e + \Delta t \tag{6-61}$$

式中 t_r——出吸收塔干气真实水露点，℃；

t_e——出吸收塔干气的平衡水露点，℃；

Δt——偏差值，其大小取决于贫三甘醇溶液的循环量、塔径、塔结构等影响气、液两相接触时间的诸因素，一般可取 $\Delta t=5\sim8$℃。

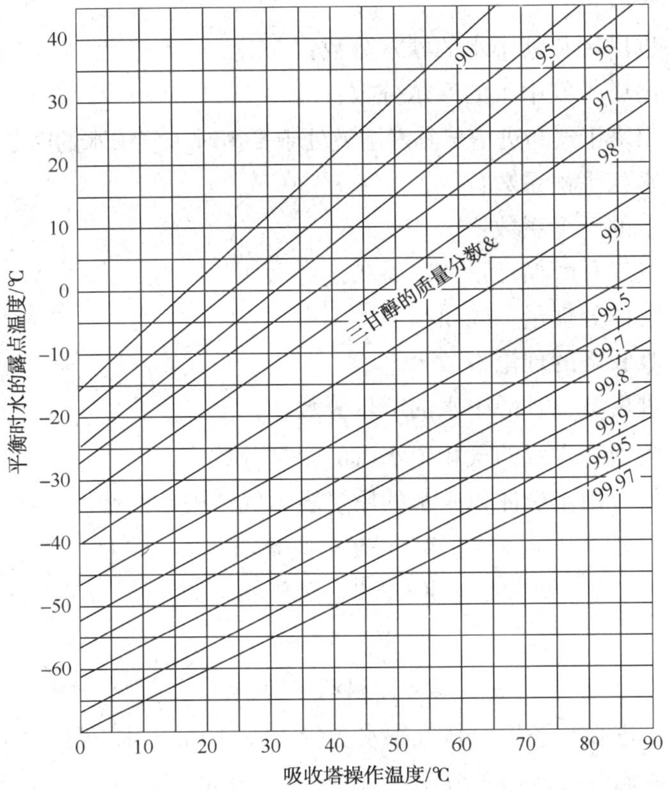

图 6-28 不同三甘醇浓度下干气平衡水露点与吸收温度的关系

已知进吸收塔贫三甘醇浓度（质量分数）为 99.22%，水露点取为-14℃，查图 6-28 不同三甘醇浓度下干气平衡水露点与吸收温度的关系可得吸收塔的操作温度大约为 45℃。

本书选用大直径吸收塔，使用板式塔型。三甘醇溶液脱水装置中发生的脱水反应，可用标准的 Kremser-Brown 吸收因子方法。利用相平衡，通过逐板做物料衡算导出 Kremser-Brown 方程：

$$E_a=\frac{y_{N+1}-y_1}{y_{N+1}-y_0}=\frac{A^{N+1}-A}{A^{N+1}-1} \qquad (6-62)$$

$$A=\frac{L}{VK} \tag{6-63}$$

$$K=y^0\gamma \tag{6-64}$$

$$y^0=K\cdot x_0 \tag{6-65}$$

式中 E_a——吸收量；

y_{N+1}——进塔原料气中水的摩尔分数；

y_1——出塔干气中水的摩尔分数；

y_0——出塔干气与进塔贫甘醇溶液处于平衡时干气中水的摩尔组分，$y_0<y_1$；

K——水相平衡系数；

γ——水的活度系数；

L——贫三甘醇循环量，kmol/h；

V——气体处理量，kmol/h；

N——吸收塔的理论板数；

x_0——进塔贫三甘醇中水的摩尔分数；

y^0——含饱和水汽的气相中水汽的摩尔分数。

为方便起见，用单位体积中水的质量表示气体内水的浓度，将方程改写为：

$$\frac{W_{N+1}-W_1}{W_{N+1}-W_0}=\frac{A^{N+1}-A}{A^{N+1}-1} \tag{6-66}$$

$$W_0=W^0\gamma x_0 \tag{6-67}$$

$$K=1.34\times10^{-6}W_0\gamma \tag{6-68}$$

式中 W_{N+1}——进吸收塔湿原料气中水含量，$kg/10^6m^3$(水/天然气)；

W_1——离开吸收塔干气中水含量，$kg/10^6m^3$(水/天然气)；

W_0——离开吸收塔干气与进塔贫三甘醇溶液处于平衡状态时干气的水含量，$kg/10^6m^3$(水/天然气)；

W_0——操作条件下与纯液相水呈平衡状态的饱和水含量，$kg/10^6m^3$(水/天然气)；

x_0——与出塔干气平衡的贫三甘醇溶液中水的摩尔分数。

按方程(6-67)和(6-68)求得的是理论塔板数，在三甘醇吸收塔的实际操作中，由于塔内气液两相接触时间有限，每块塔板上都不会达到平衡状态，所以实际需要的塔板数比理论数多。实际板数 N_p 与理论板数 N 之间的关系为：

$$\eta=\frac{N}{N_p} \tag{6-69}$$

对于吸收塔，一般可取效率 η 为 25%~40%，故实际塔板数为：

$$N_p = \frac{N}{\eta} \tag{6-70}$$

经计算，文 23 储气库脱水系统吸收塔采用 6 块塔板。

（2）贫甘醇参数计算

原料气脱水量为：

$$q_w = L_i - L_o \tag{6-71}$$

原料气水含量为：

$$L_i = q \times N_i \tag{6-72}$$

产品气水含量为：

$$L_0 = q \times N_0 \tag{6-73}$$

式中 q_w——进料气或吸收塔脱水量，kg/h；

q——原料气流量，kg/h；

L_i——原料气水含量，kg 水/h；

L_0——实际产品气水含量，kg 水/h；

N_i——原料气中水的质量分数,%；

N_0——产品气水的质量分数,%。

由表可得原料气水含量 $L_i = 103473 \times 0.078\% = 80.71$kg 水/h；

产品气水含量 $L_o = 0$kg 水/h；

原料气脱水量 $q_w = 80.71$kg 水/h；

贫三甘醇在吸收温度下的密度=1.12kg/L；

入塔贫三甘醇流量 $q_p = 5348\text{kg/h} = \frac{5348}{1.12} = 4775\text{L/h}$。

三甘醇循环率按脱除掉原料气的全部水计算：

$$VEG = \frac{q_p}{\rho_p L_i} \tag{6-74}$$

式中 VEG——三甘醇循环率，L/kg；

q_p——贫三甘醇循环量(入塔贫三甘醇流量)，kg/h；

ρ_p——贫三甘醇在吸收温度下的密度(入塔贫甘醇密度)，kg/L。

由式(6-74)得，三甘醇循环率 $VEG = \frac{5348}{1.12 \times 80.71} = 59.16\text{L/kg}$。

富三甘醇浓度，可表示为：

$$C_f=\frac{u_f}{q_p+q_w}100\% \quad (6-75)$$

式中 C_f——富三甘醇质量浓度,%;

u_f——出塔富三甘醇的三甘醇量,kg/h;

q_p——入塔贫三甘醇流量,kg/h。

又入塔贫三甘醇的三甘醇量=出塔富三甘醇的三甘醇量=5348×99.22%=5306.29kg/h;

入塔贫三甘醇的水含量=5348×(1-99.22%)=41.71kg/h;

可得 $C_f=\frac{5306}{5348+80.71}100\%=97.74\%$。

(3)汽提气参数计算

文23储气库脱水装置入塔贫三甘醇浓度为99.22%,需要加入汽提设备。为节约资源,采用实际产品气作为汽提气。

汽提气流量=8.69kg/h=0.8kmol/h;贫三甘醇流量=4785L/h;

由理想气体状态方程

$$PV=nRT \quad (6-76)$$

式中 P——压强,Pa;

V——气体体积,m^3;

n——气体物质的量,mol;

R——理想气体常数,约等于8.314Pa·m^3/mol·K。

可得汽提气量 $V=\frac{0.8\times10^3\times8.314\times(31.5+273.16)}{200\times10^3}=10.13m^3/h$

注入汽提量$=\frac{10.13}{4785}=0.0021m^3/L$。

(4)其他脱水设备参数

根据前文吸收塔、入吸收塔贫甘醇、汽提气参数计算的结果,对脱水装置其他参数取值如表6-10所示。

表6-10 脱水装置其他参数取值

参数类型	取值	参数类型	取值
吸收塔温度/℃	30	精馏柱顶温度/℃	130
重沸器温度/℃	198~204		

第7章 天然气总调峰需求预测及多目标优化技术

7.1 需求预测及多目标优化技术

首先对文23储气库辐射范围内，各个储气库调峰能力进行统计(表7-1)，并以此为依据，预测是否能满足2025年的天然气总调峰需求。

表7-1 调峰能力统计表

	库群名称	设计储量/10^8m^3	工作气量/10^8m^3	辐射区域
1	大港库群	69.57	30.58	北京、河北、天津
2	板南库群	10.13	4.27	北京、河北、天津
3	京58库群	17.70	7.50	北京、河北、天津
4	文96储气库	5.88	2.95	山西、河北、河南
5	苏桥库群	67.38	23.32	北京、河北、天津
6	文23储气库	104.00	35.00	山西、河北、河南
	合计	275.66	103.62	北京、山西、河北、河南、天津

同时为了精确预测存储气量，根据文23储气库周边区域，管网内可供调峰存储气量计算出总气量，见表7-2。

表7-2 总气量表

	管网名称	管道长度/km	管存气量/10^6m^3
1	榆林-济南	914	3.10
2	济南-青岛	780	2.22
3	山东	375.8	1.78
4	天津	634	3.59
5	中原-开封	221	0.72
6	青岛-南京	553	3.65
7	新疆	7948	44.30
8	鄂尔多斯-安平-沧州	898	11.83
	合计	12323.8	71.19

文 23 范围内管道分布图如图 7-1 所示。

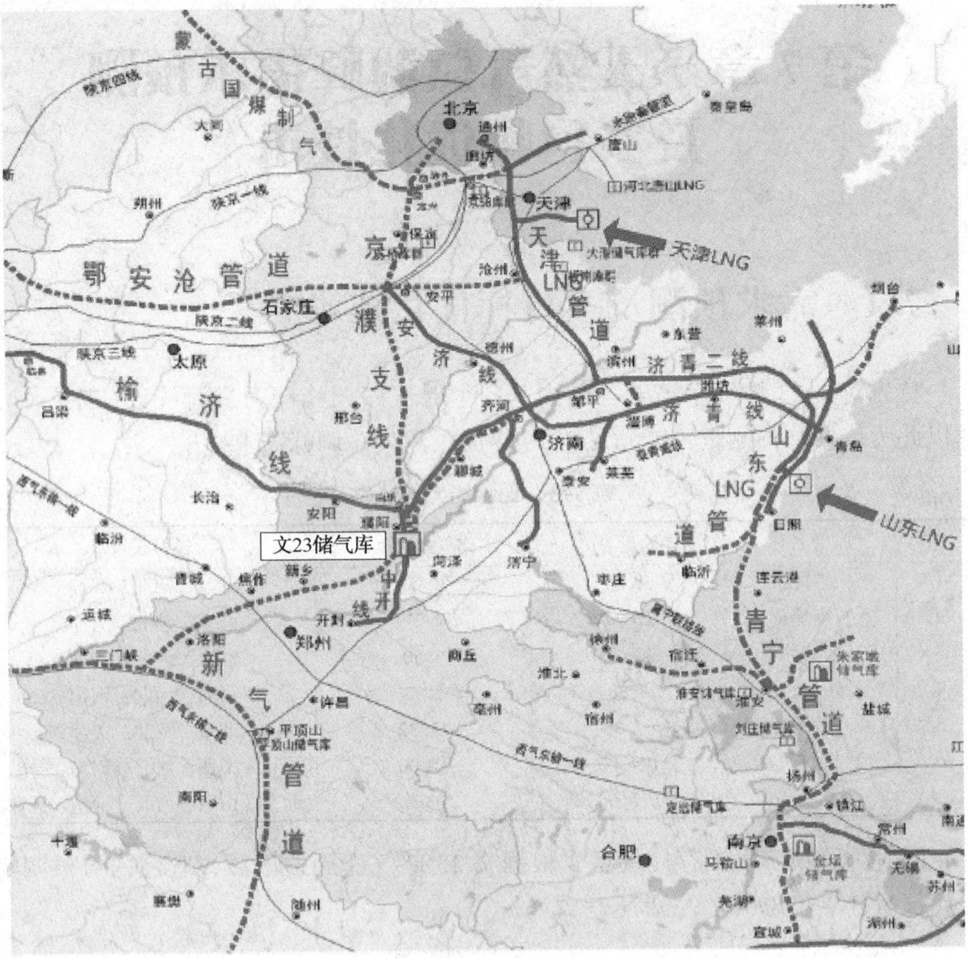

图 7-1　文 23 范围内管道分布图

为预测文 23 是否能满足未来调峰需求，使用深度学习模型对未来 2025 年文 23 储气库辐射区域天然气总需求量进行预测。

TFT 模型是一种针对多步时间预测任务的 Transformer 模型，预测效果普遍优于其他深度学习模型。以过去 20 年天然气总需求量为自变量，地区生产总值、天然气用气人口、居民消费水平等其他统计信息为协变量，预测未来到 2025 年内每年的天然气总需求量。

基于 DeepAR 的天然气历史需求拟合图如图 7-2 所示，基于 TFT 的天然气历史需求拟合图如图 7-3 所示。

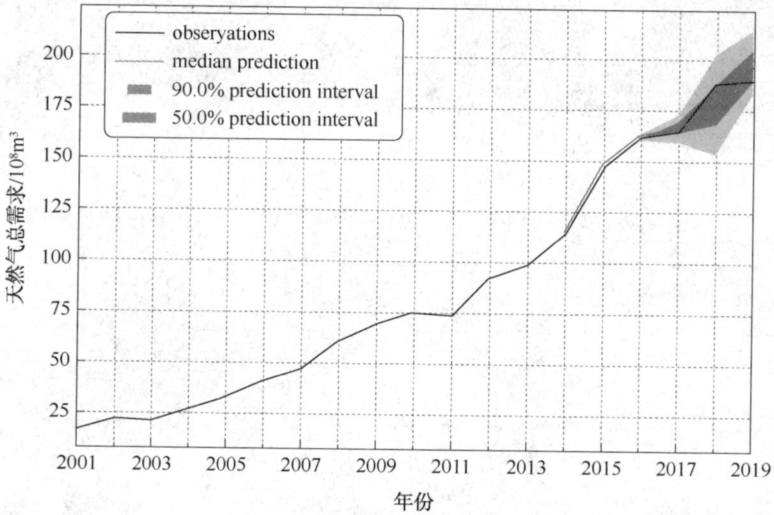

图 7-2　基于 DeepAR 的天然气历史需求拟合图

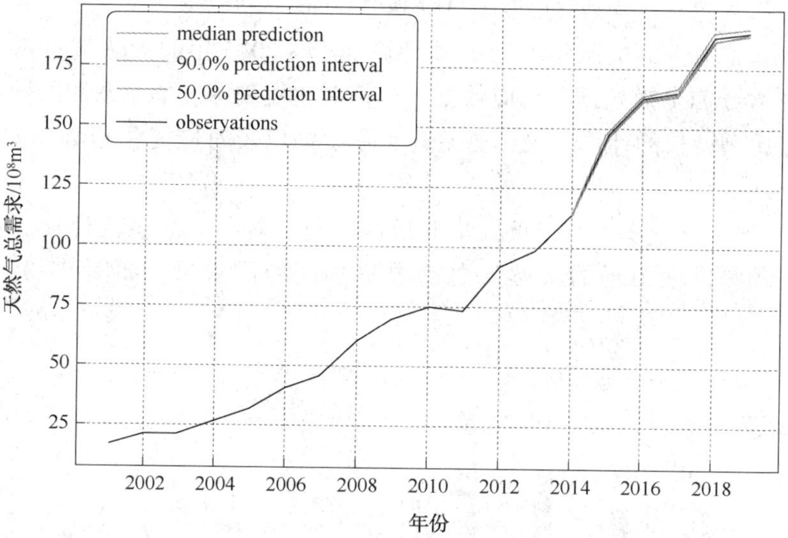

图 7-3　基于 TFT 的天然气历史需求拟合图

根据国家统计局查询统计的目标市场的年度天然气总需求以及其他相关指标，作为天然气调峰需求预测的数据基础。

得到需求预测的数据基础后进行编程(代码见图 7-4)，对文 23 储气库进行天然气调峰需求预测。

```python
train_datasets = []
val_test_datasets = []
val_datasets = []
test_datasets = []
for tsdataset in tsdatasets:
    train_dataset, val_test_dataset = tsdataset.split(0.8)
    val_dataset, test_dataset = val_test_dataset.split(0.5)
    train_datasets.append(train_dataset)
    val_test_datasets.append(val_test_dataset)
    val_datasets.append(val_dataset)
    test_datasets.append(test_dataset)
```
Python

```python
model = TFTModel(in_chunk_len=len(test_datasets[0].target),
                 out_chunk_len=1,
                 max_epochs=2000,
                 seed=73)
model.fit(train_datasets, val_datasets)
```
Python

```python
mae = MSE(mode='prob')
scores = []
pred_datasets = []
for val_test_dataset in val_test_datasets:
    score, pred_dataset = backtest(data=val_test_dataset,
                                   model=model,
                                   start=len(val_datasets[0].target),
                                   metric=mae,
                                   return_predicts=True)
    scores.append(score['WBP'])
    pred_datasets.append(pred_dataset)

np.mean(scores)
```

图 7-4　TFT 模型 Python 代码

以河北省为例，按照年增长 10%计算 2017~2025 年的天然气总需求量，再基于深度学习 TFT 模型预测相应数据。分析对比发现深度学习预测的数据普遍远大于固定比例增长的计算结果，更贴近实际数据以及对应变化趋势，如图 7-5~图 7-7 所示。

文 23 地下储气库主要担负大华北地区季节调峰、应急供气任务。基于深度学习分别预测目标市场的天然气总需求量和调峰需求量，如图 7-8~图 7-14 所示。

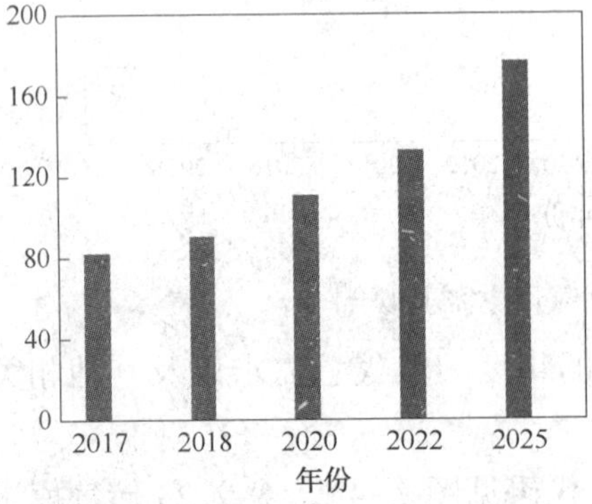

图 7-5　天然气总需求固定比例预测

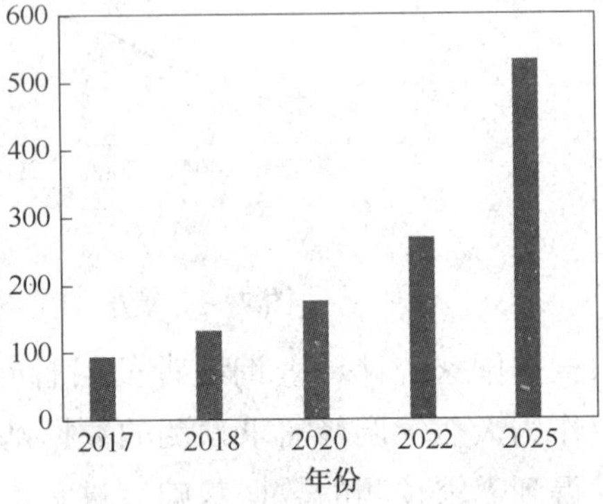

图 7-6　天然气总需求深度学习预测

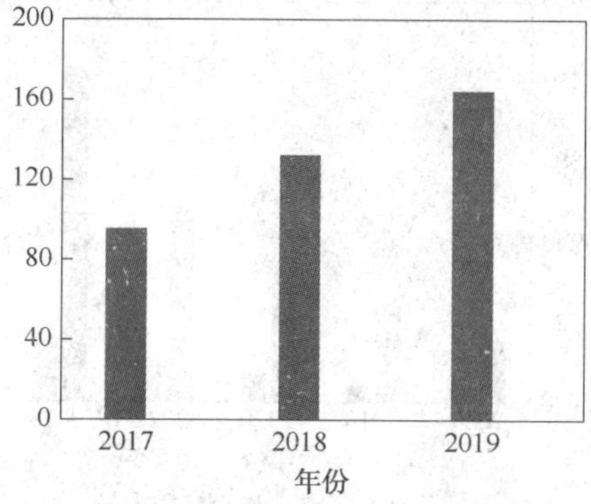

图 7-7　天然气实际总需求和年增长率

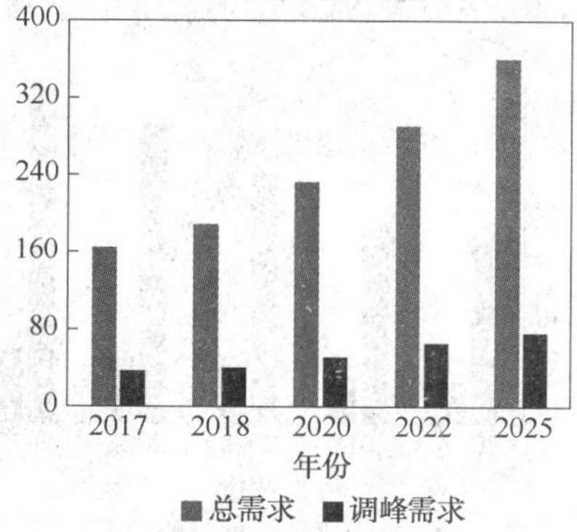

图 7-8　北京市天然气总需求预测

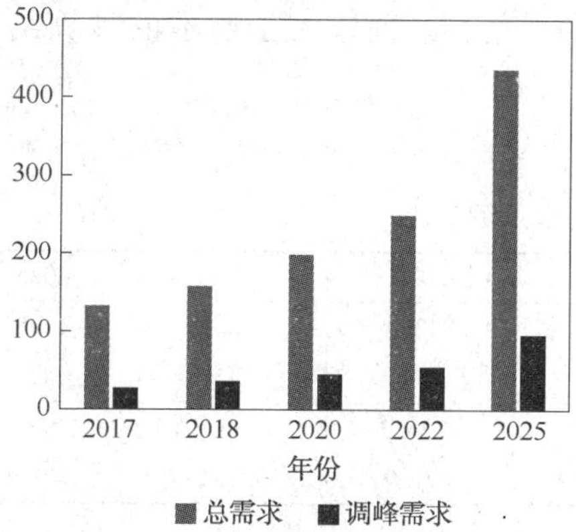

图 7-9　山东省天然气总需求预测

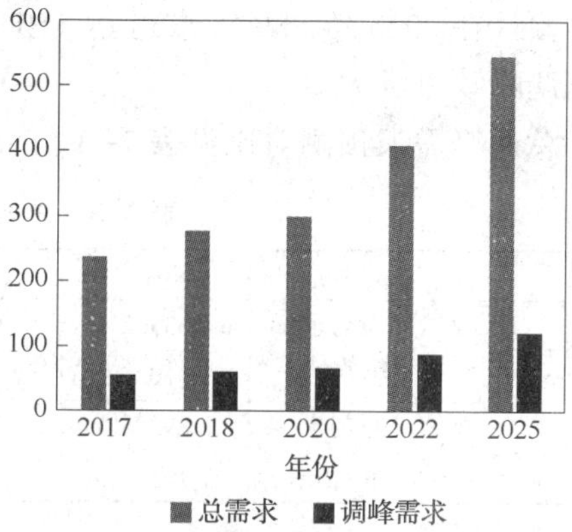

图 7-10　江苏省天然气总需求预测

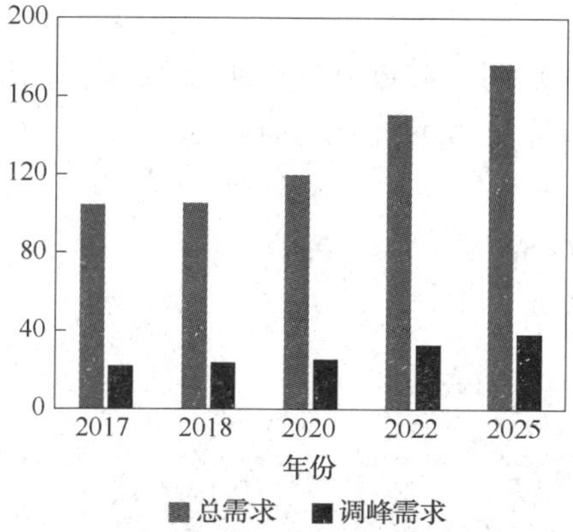

图 7-11　河南省天然气总需求预测

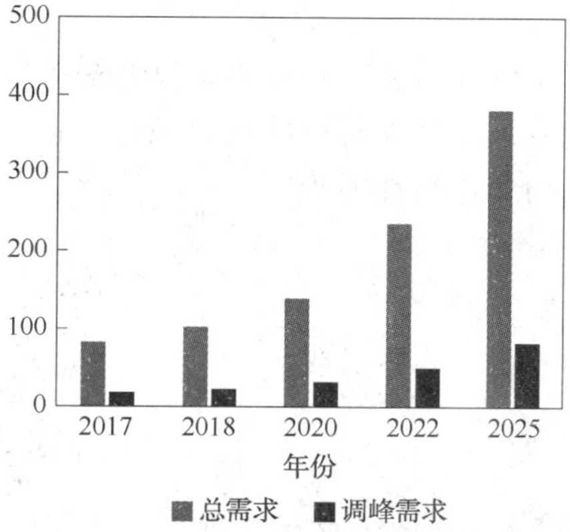

图 7-12　天津市天然气总需求预测

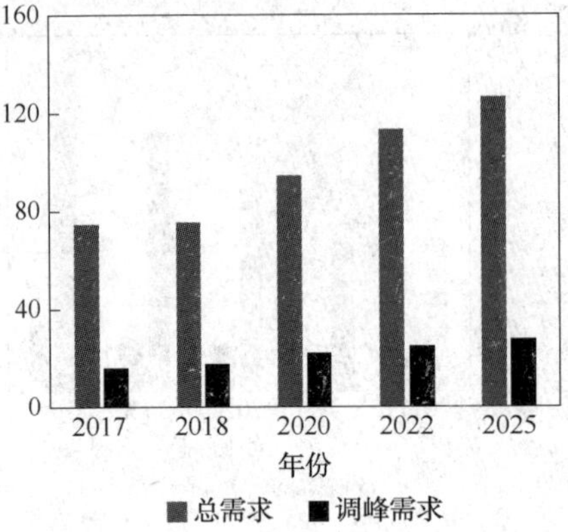

图 7-13 山西省天然气总需求预测

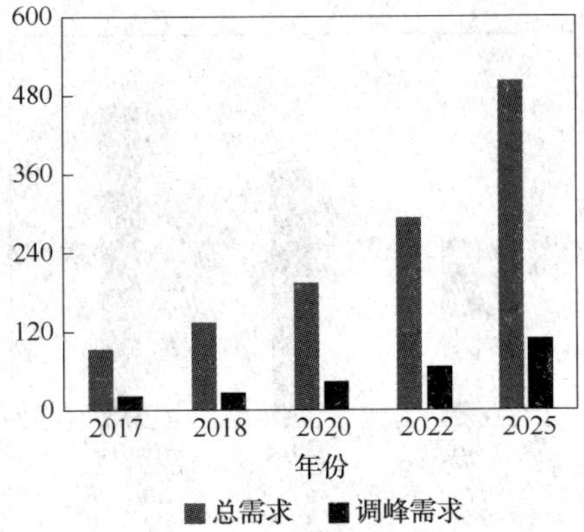

图 7-14 河北省天然气总需求预测

预计在 2025 年调峰需求可达 $550\times10^8m^3$ 左右，远远大于原本的计算结果，市场调峰缺口巨大。

总调峰需求预测对比见表 7-3。

表 7-3 总调峰需求预测对比 10^8m^3

	年份	2017	2018	2020	2022	2025
固定比例	总需求	633.2	696.6	842.9	969	1195
	调峰需求	160.9	176.7	214	245	300.1
深度学习	总需求	892.3	1039	1326.3	1736.3	2497.7
	调峰需求	195.5	227.3	291.9	381.1	549.8

7.2 数学模型建立

本研究借助仿真技术由真实系统的数学模型，通过分别选取冬夏季不同的目标函数，并建立相应的约束条件，得到储气库完整的优化仿真模型。

(1) 连续性方程

$$\nabla(a_1\nabla\varphi_1)+\delta_a Q_V/V=\frac{\varphi}{B_1}\left(\frac{\partial S_1}{\partial_t}+S_1(c_\varphi+c_1)\frac{\partial\varphi_1}{\partial_t}\right) \tag{7-1}$$

式中 φ_1——势函数；

$$a_1=\frac{kk_{rl}(S)}{\mu_1(p)B_1(p)} \tag{7-2}$$

式中 k——渗透率；

k_{rl}——相对渗透率；

μ_1——流体黏度

B_1——流体体积系数；

c_φ，c_1——岩石、流体的压缩系数；

在井点处 $\delta_a=1$，在非井点处 $\delta_a=0$

初始条件：由于流动过程近似等温，初始条件即为储库建造初始时刻或动态运行某一时刻，储库内部各点压力、各相饱和度的原始分布。

边界条件：气库边界为外边界条件，取为封闭边界：

$$\left.\frac{\partial\varphi}{\partial n}\right|_{T外}=0 \tag{7-3}$$

所建立的三维渗流模型[式(7-1)]是一套二阶、非线性、奇异、不定常的三维偏微方程组，采用可分裂的分数步长算法对该数学模型进行求解。

（2）夏季的优化运行管理

1）目标函数

① 在夏季整个注气时间步长范围内，以压缩机站最小的功率消耗，将夏季剩余的天然气全部注入到地下储气库。

$$N_T=\min x\in R(X)=\min\sum_{i=1}^{m}\sum_{j=1}^{n}N_{ij} \tag{7-4}$$

$$N_{ij}=Mq_{ij}RT_{LT}[(p_{井口}/p_{TL})^{n-1/Mn}-1] \tag{7-5}$$

式中 $i=1，2，3\cdots m$，m，为井数；

$j=1，2，3\cdots n$，n，为注气时间步长；

M——压缩机级数；

T_{TL}——长输管终端温度；

P_{TL}——长输管终端压力。

② 注气时，储气库平均地层压力变化最小。

$$\Delta p_j=\min_{x\in R}f_2(X)=\min\left(\sum_{i=1}^{M}\sum_{k=1}^{N}p_{ik}h_{ik}\varphi_{kj}/\sum_{i=1}^{M}\sum_{k=1}^{N}h_{ik}\varphi_{ik}-\overline{P}\right) \tag{7-6}$$

式中 Δp_j——储库最小平均地层压力变化；

$\overline{P}$——储库初始地层压力；

p——储层压力

h——储层厚度

φ——孔隙度。

2）约束条件

① 定时间步长下各单井注入总量的约束：

$$Q_j = \sum_{i=1}^{m} q_i \tag{7-7}$$

式中 q_i——各单井的注入量；

m——井数；

Q_j——剩余供气量。

② 库内各单井最大注入量的约束：

各单井最大的井口压力 $P_{井口max}$ 限制了其最大的注入量，（这里 $P_{井口max}$ 是由地面设备限制和气层岩石的破裂压力所确定）。采用联立求解物质平衡方程、气井流入方程、油管内流动方程，求出在已知各井口压力约束条件下，对各井最大注入量 q_{0i} 的限制。得到：

$$q_i \leqslant q_{0i} \tag{7-8}$$

同时，优化管理模式还要确定在所讨论的时间步长下，井是否生产，所以完整的约束条件为：

$$0 \leqslant q_i \leqslant q_{0i} \tag{7-9}$$

③ 储库内各网格节点储层压力 P_{ij} 的约束：

$$P_{ij} \leqslant P_{AMP} \tag{7-10}$$

其中，P_{AMP} 是最大允许压力。根据国外储库运行的实践经验，对水驱枯竭气藏型地下储气库的 P_{AMP} 值控制为原始地层压力(气田未开采时的静态压力)。

④ 气水共存的两相区内含水饱和度的约束：

$$S_{rw} < S(t) < 1 - S_{gc} \tag{7-11}$$

式中 S_{rw}——束缚水饱和度；

S_{gc}——形成连续气相时的临界饱和度。

这是由于注入天然气时，气体要进入原来为水饱和的底水储层，产生排驱效应，含水饱和度降低，气水界面下降，在达到最大库容量时，含水饱和度 S_w 变为束缚水饱和度 S_{rw}。

（3）冬季的优化运行管理

1）目标函数

冬季整个采气时间步长范围内，能获得的储库最大的调峰采气量。

$$Q = \max_{x \in R} f_{11}(X) = \max \sum_{i=1}^{m} \sum_{j=1}^{n} q_{ij} \tag{7-12}$$

式中 Q——储库最大采气量；

q_{ij}——单井采出量；

i=1，2…m，m 为井数；

$j=1, 2\cdots n$，n 为采气时间步长。

采气时，储库平均地层压力变化最小，表达式为：

$$\Delta p_j = \min f_{22}(X) = \min\left(P - \sum_{i=1}^{M}\sum_{k=1}^{N} p_{ik}h_{ik}\varphi_{kj} / \sum_{i=1}^{M}\sum_{k=1}^{N} h_{ik}\varphi_{ik}\right) \tag{7-13}$$

2）约束条件

① 给定时间步长下用气需求量的约束：

$$\sum_{i=1}^{n} q_i \leqslant Q_1 \tag{7-14}$$

式中 Q_1——给定时间步长下最高用气需求量；

n——井数。

② 各单井最大采出量的约束：

采出时须满足：$P_{井口} \geqslant P_{井口\min}$

$P_{井口\min}$为通往集输管线的最小压力。即各单井最大采出量受 $P_{井口\min}$约束，仍采用联立迭代求解的方法，将对各最小井口压力的约束转为对各井最大采出量的限制。得到：

$$0 \leqslant q_i \leqslant q_{0i} \tag{7-15}$$

③ 储库内各网格节点储层压力 P_{ij}的约束：

$$P_{0i} \geqslant P_{\min} \tag{7-16}$$

$P_{\min}$为储库基压，指维持储库设计的库容量所需的最低设计压力，通常是通过注入一定量的垫层气来实现的。储库采出最大极限量的天然气，只能达到库内垫层气体即不可以低于最低设计压力。

④ 两相区内含水饱和度的约束：

$$S_{rw} < S(t) < 1 - S_{gr} \tag{7-17}$$

式中 S_{rw}——束缚水饱和度；

S_{gr}——气相停止渗流时，最小残余气饱和度。

在采出天然气时，随着储层内气体压力的下降，底水侵入，发生吸吮效应，含水饱和度上升，气水界面上移，储气库库容就要减少。

7.3 多目标优化模型求解

目前主流的多目标优化算法有 NSGA-Ⅱ、NSGA-Ⅲ以及 MOEA/D。NSGA-Ⅲ在 NSGA-Ⅱ的基础上引入参考点机制，解决了其他优化算法收敛性和种群多样性不足的缺陷。解出最优结果可用帕累托最优图表示，如图 7-15 所示。

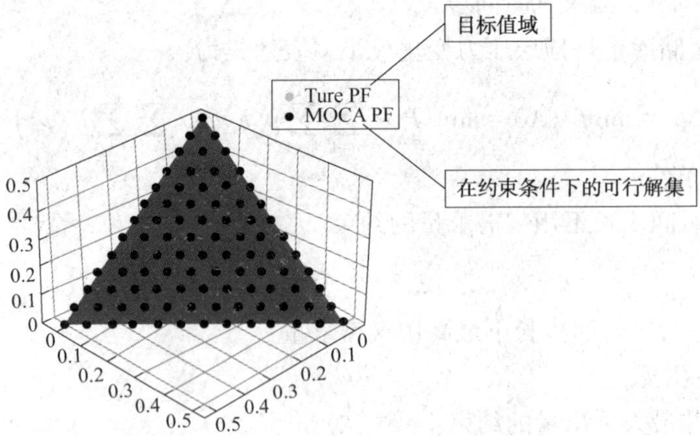

图 7-15　三维(三目标)帕累托最优图示例

多目标优化及方案优选如图 7-16 所示。

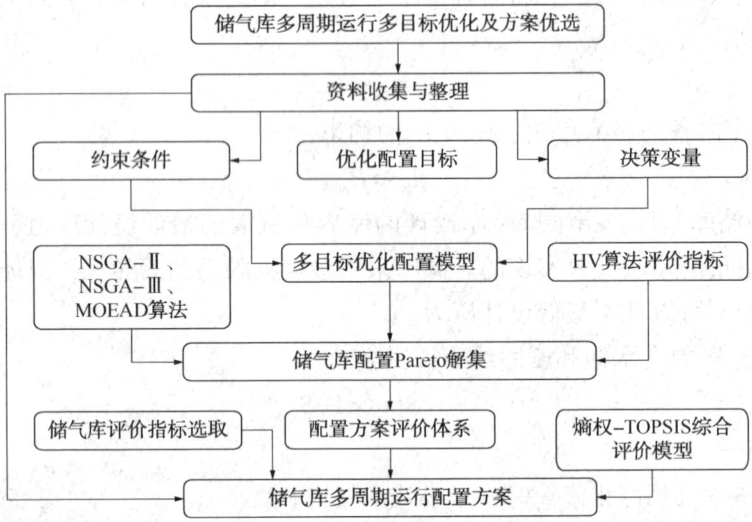

图 7-16　多目标优化及方案优选

多目标优化问题有很多求解方法，采用平方和线性加权法(权数用-法求得)，将多目标优化问题转化成单目标优化问题进行求解，步骤为：

① 分别对各目标函数进行单目标优化计算. 由于储库优化运行管理模型是一多约束条件、非线性优化问题，且约束条件为不等式约束条件，因此对各单目标优化问题采用有约束条件的复形调优法求解，方法如下：

对于夏季的注气过程，设初始复形中第一个顶点坐标，各单井注入量 $X=$

$(q_i^{\ k})_{N\times M}$(这里：$N\times M$ 网格节点数，$i=1$，$2\cdots m$；m 为井数，k 为时间步长)的初始值。此顶点坐标在每一时间步长下，首先应满足约束条件(8-4)、(8-5)，其次为缩小初始变量的选取范围，以气井原始无阻流量作为预测单井注气量的基础，取其 1/3 为产量的下限，1/2 为产量的上限来确定各单井注入量 $q_i^{\ k}$ 的初始值，然后利用伪随机数确定初始复形的其余 $2n-1$ 个顶点，代入数学模型式(8-1)中，数值模拟计算出网格节点压力和饱和度，检查该两数值是否满足约束条件(8-6)、(8-7)，若不满足则重新设定顶点坐标，若满足约束条件(8-6)、(8-7)，则分别代入式(8-2)、(8-3)确定各顶点处的目标函数。从这一复形出发，通过反射、收缩和压缩的迭代计算构造新的复形来代替原复形，使新复形不断向目标函数极小点靠近，一直搜索到极小点为止。

对于冬季的采气过程，式(8-8)记为 $Q =- Q =- \max \sum m_i = 1 \sum n_j = 1q_{ij}$，即 Q' 极小值的绝对值为 Q 的极大值，其余方法的求解同上。

② 利用 α-方法确定各单目标函数的权系数 λ_i，求出各单目标优化函数的最佳值及相应的极值点：

$$\min_{X\in R} f_i(X)=f_i^*(X^i)\ \mathrm{i}=1,\ 2 \tag{7-18}$$

式中　X^i——相应的单目标优化运行管理变量的最佳值。

令

$$f_i(X^j)=f_i^j \tag{7-19}$$

求解权系数转化为解下列线性规划问题：

$$s\cdot t\cdot\begin{cases}\sum\limits_{i=1}^{2}\lambda_i j_i \leqslant \alpha,\ j=1,\ 2\\ \sum\limits_{i=1}^{2}\lambda_i = 1\\ \lambda_i \geqslant 0 \quad i=1,\ 2\end{cases} \tag{7-20}$$

③ 利用平方和线性加权法将多目标优化问题转化成单目标优化问题进行优化计算：

$$\min_{X\in R}(X)=\sum_{i=1}^{2}\lambda_i\left[f_i(X)-f_i^*(X^i)\right]^2 \quad \lambda_i \geqslant 0 \tag{7-21}$$

式中　λ_i——各目标函数的权系数。

若其最优解为[λ_1，λ_2，α]，则[λ_1，λ_2]便是所求的权系数，将各权系数代入式(7-15)便将多目标优化问题转化为单目标问题，并利用单目标优化计算方法计算。可以证明，利用上述多目标优化方法所得到的优化结果为多目标优化问题的有效解。

7.4 基于局部和整体参数进行优化

利用遗传算法，高效地进行运算，快速迭代并进行有效收敛，满足计算条件。遗传算法流程图如图 7-17 所示。

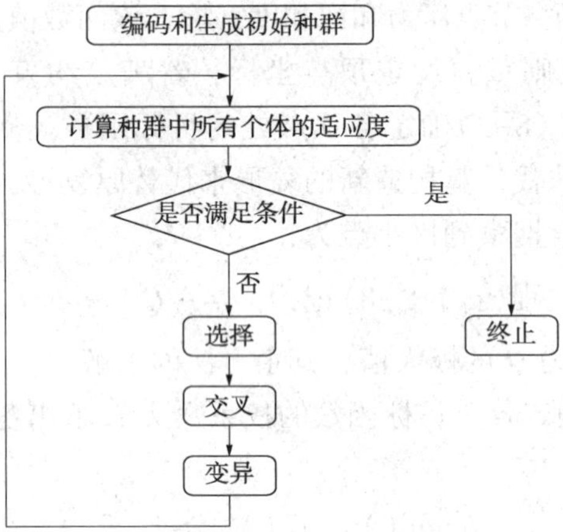

图 7-17 遗传算法流程图

Resolve 可通过两级优化的方式进行多目标优化。底层 Gap 等各模块进行实际运行优化，顶层 Resolve 控制 Gap 优化的范围，包括目标函数、约束条件以及优化过程的设定。构建 Resolve 优化器工作流程如图 7-18 所示。

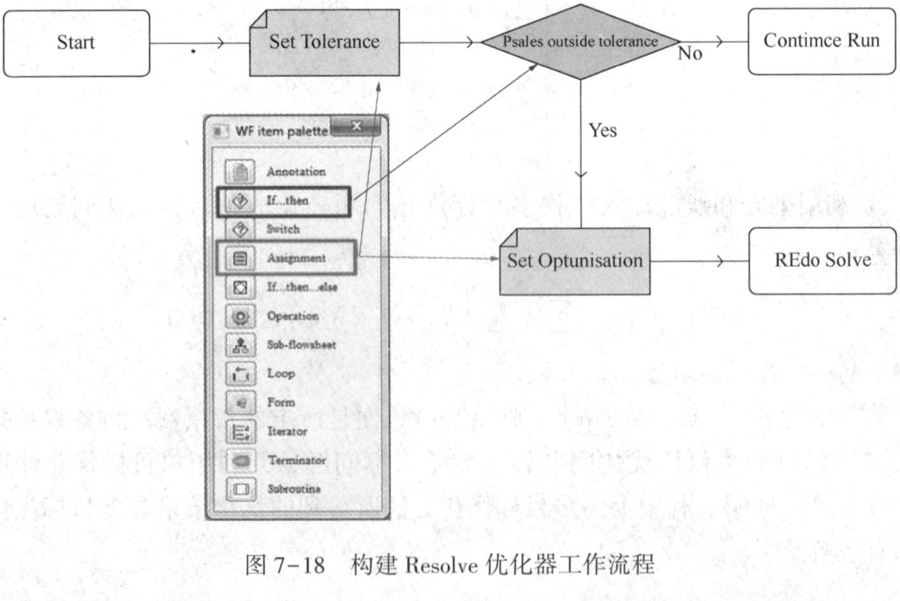

图 7-18 构建 Resolve 优化器工作流程

优化器目标函数及约束条件设定如图 7-19 所示。

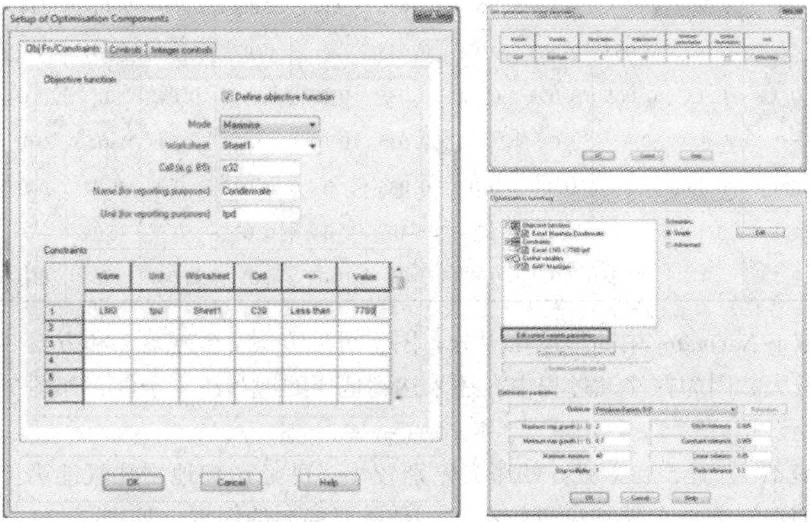

图 7-19　优化器目标函数及约束条件设定

其中优化目标为：单平台注气量为 $20010^{4}m^{3}/d$，累计最大注气量为 $160010^{4}m^{3}/d$；使用的优化函数：调整井口压力（不考虑关井，单平台井井口压力保持一致）。

设置单井限制因素，见表 7-4。

表 7-4　不同方案单井限制因素表

井号	方案 1	方案 2	方案 3	方案 4	方案 5	方案 6
储 2-1	30	40	50	60	70	80
储 2-2	30	40	50	60	70	80
储 2-3	30	40	50	60	70	80
储 2-4	30	40	50	60	70	80
储 2-5	30	40	50	60	70	80
储 2-6	30	40	50	60	70	80
储 2-7	30	40	50	60	70	80
储 2-8	30	40	50	60	70	80
储 2-9	30	40	50	60	70	80
储 2-10	30	40	50	60	70	80
储 2-11	30	40	50	60	70	80

计算分析不同方案的结果，其中方案 1 到方案 3 的权重因子分别是 0.37、0.48、0.56，方案 4 到方案 6 的权重因子分别是 0.60、0.61、0.93，见表 7-5。

表 7-5 方案结果

单井	1	2	3	4	5	6	7	8	9	10	11	a_{ij}
方案 1	0	0	0.065	0.065	0.04	0.035	0	0.07	0	0.04	0	0.37
方案 2	0.13	0.13	0.065	0.065	0.04	0.035	0.07	0	0.04	0	0.04	0.48
方案 3	0	0	0.13	0	0	0.035	0.07	0	0.04	0	0	0.56
方案 4	0.13	0.13	0	0.13	0.07	0.035	0	0.07	0	0.04	0.04	0.60
方案 5	0	0.13	0	0.13	0	0.07	0	0.07	0	0.04	0	0.61
方案 6	0.13	0	0.13	0	0.07	0	0.07	0	0.04	0	0.04	0.63

调取 t-Navigator 中的地层压力分布图，可见方案 1、方案 2 和方案 3 的压力差别比较大，因为在注气过程中，还未达到地层的饱和注气条件，如图 7-20~图 7-22 所示。

方案 4、方案 5 和方案 6 的压力差别较小，已经达到地层注气能力上限。因此地层中注气能力在限制流量较小时，是重要的制约因素，如图 7-23~图 7-25 所示。

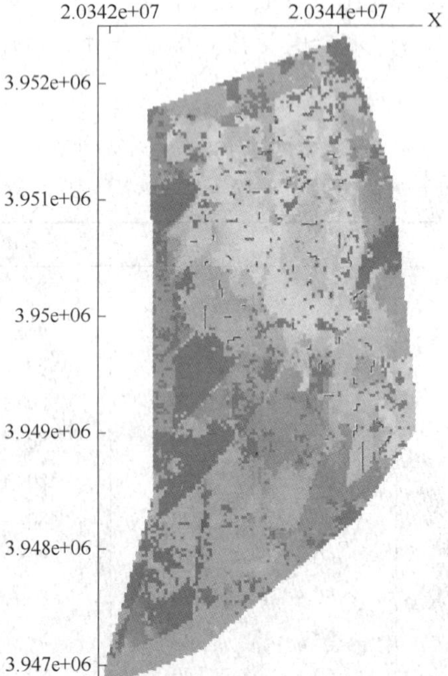

图 7-20 方案 1

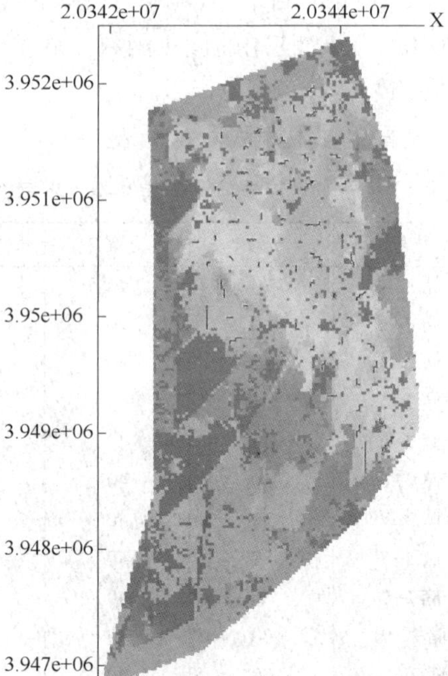

图 7-21 方案 2

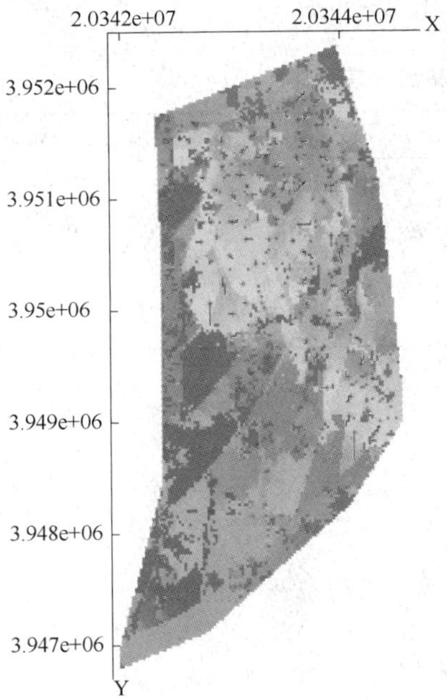

图 7-22　方案 3

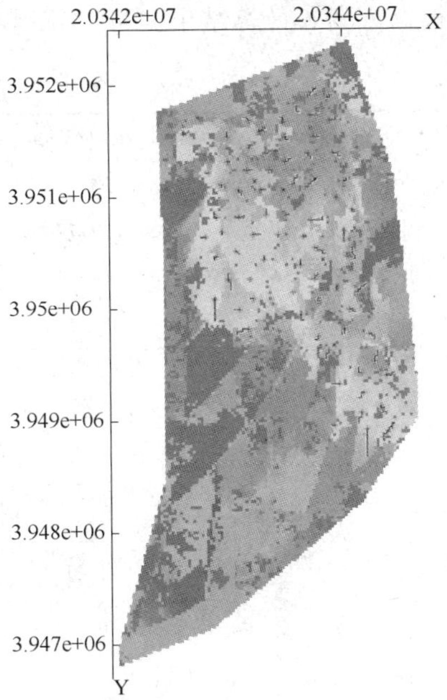

图 7-23　方案 4

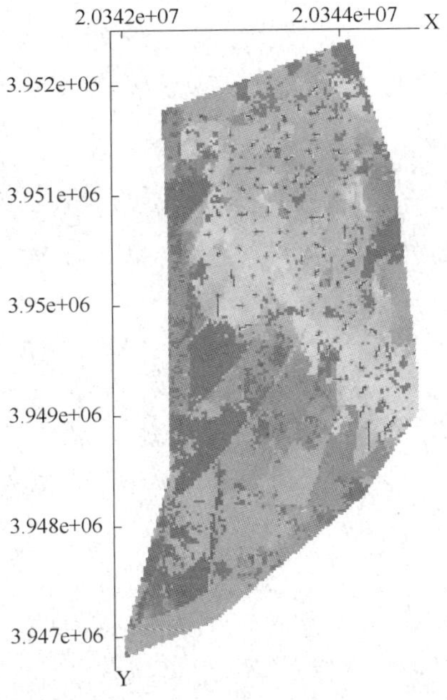

图 7-24　方案 5

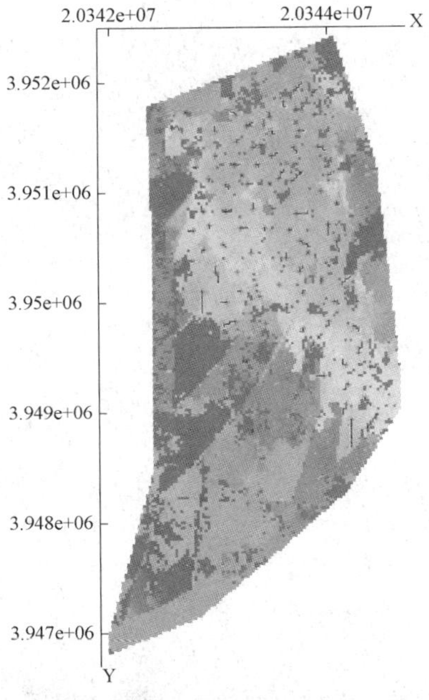

图 7-25　方案 6

根据方案6计算结果，可以获得不同的优化分析数据，见表7-6。

表7-6 优化分析数据表

压缩机	压力/MPa	压缩机	压力/MPa
压缩机1	19.21	压缩机5	17.93
压缩机2	19.73	压缩机6	19.75
压缩机3	19.45	压缩机7	19.38
压缩机4	17.79	压缩机8	19.76

第 8 章　注采方案优化

储气库的运行方式主要包括注气和采气两个工艺流程，它们是储气库运行的重要环节。因此，在确保安全平稳储气和供气的基础上，对储气库注采方案进行合理的优化，提高储气库注采运行水平，已成为储气库运行的关键。

8.1　储气库注采优化模型建立与求解

在储气库注采过程中，特别是经验注采，容易出现注采不均衡的情况，形成块间压差，过高的区块间地层压差可能导致断层平移或封闭性遭到破坏，发生气窜或泄漏事故。因此，本书储气库注采优化模型以储气库注采周期内区块压差最小、注气末期气库平均地层压力最小、采气末期气库平均地层压力最大为目标，结合地层压力上下限、单井最大注采气量和总注采气量为约束，设计形成了相应数学模型。

本注采优化模型以储气库单井日注采气量为决策变量，并围绕其分别建立了以下目标函数和约束条件。

目标函数：

$$\begin{cases} \min P_{f1}=\overline{P}_{fi}，(i\in 1，2\cdots n，n=60) \\ \max P_{f2}=\overline{P}_{fi}，(i\in 1，2\cdots n，n=60) \\ \min \Delta P_{f}=P_{fi}-P_{fj}[(i，j)\in A] \end{cases} \tag{8-1}$$

式中　P_{f1}——注气末期平均地层压力；

P_{f2}——采气末期平均地层压力；

A——区块邻接矩阵。

约束条件：

$$
s.t.\begin{cases}\sum_{i=1}^{n} Q_i^{\text{out}} \geqslant Q_{\text{total}}^{\text{out}} \\ \sum_{i=1}^{n} Q_i^{\text{in}} \geqslant Q_{\text{total}}^{\text{in}} \\ Q_i^{\text{out}} \leqslant \max Q_i^{\text{out}}(i \in 1,\ 2\cdots n,\ n=60) \\ Q_i^{\text{in}} \leqslant \max Q_{\text{i}}^{\text{in}}(i \in 1,\ 2\cdots n,\ n=60) \\ P_{\text{fi}} \geqslant \min P_{\text{f}}(i \in 1,\ 2\cdots n,\ n=60) \\ P_{\text{fi}} \leqslant \max P_{\text{f}}(i \in 1,\ 2\cdots n,\ n=60)\end{cases} \tag{8-2}
$$

式中　Q_i^{in}——注气量；

Q_i^{out}——采气量。

变量传递过程图如图 8-1 所示。

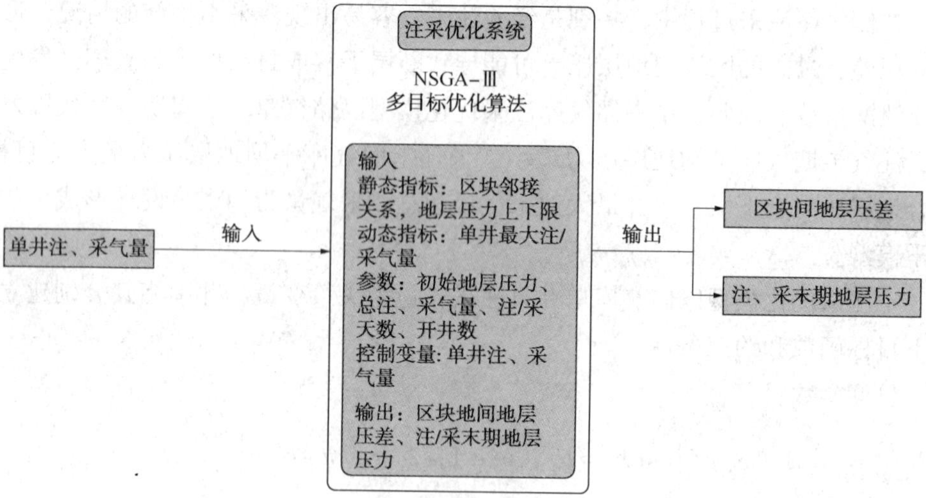

图 8-1　变量传递过程图

8.2　优化算法

在完成数学模型设计后，选取 NSGA-Ⅲ算法实现优化模型求解，NSGA-Ⅲ是在基于多目标算法 NSGA-II 的基础上，提出了中参考点的方法，强调种群成员是非支配的并且与所提供的参考点距离很近。主要用于在处理超目标优化问题中解决非约束条件和约束条件。

大多数多目标进化算法在求解目标维数较低的问题时较为有效，当目标数目大于等于 3 的时候，也就是面对高维目标优化问题，很多方法由于维数增多选择压力下降，效果变得不理想。NSGA-Ⅲ的框架基本和 NSGA-II 相同，同样利用快速非支配排序将种群个体分类进入不同的非支配前沿，不同的是：对于在临界层中的环境选择，NSGA-Ⅱ的方法是利用拥挤比较操作来选择从而保持多样性，NSGA-Ⅲ最大的变化就是利用良好分布的参考点来保持种群的多样性。在选择过程中，将拥挤度距离改为参考点法(因为我们要解决的是超目标优化问题，NSGA-Ⅱ中的拥挤度距离法在平衡算法的多样性和收敛性方面表现得并不好)，限制于解决各种无约束问题，如归一化、缩放、凸、凹、收敛于 PF 面的一段。

NSGA-Ⅲ算法主要划分为以下五步：

① 首先假设有一个规模为 N 的种群 A，用遗传算子(选择、重组、变异)对种群 A 进行操作，得到一个规模为 N 的种群 B，再将种群 A 和种群 B 混合，得到一个规模为 $2N$ 的种群 C。

② 对种群 C 进行非支配排序，得到非支配层级为 1、2、3、4……的诸层个体。把非支配层级为 1、2、3……的个体依次加入下一代子代的集合 D，直到集合 D 的规模大于 N。记下这个时候的非支配层级 L。

③ 函数标量化操作这一步是要对多目标函数进行标量化操作，方便下一步关联参考点。首先需要计算 M 个目标函数中每一个目标维度 i 上的最小值，得到第 i 个目标上对应的最小数值为 Z_i，此 Z_i 的集合即为 NSGA-Ⅲ算法中提到的理想点集合(ideal points)。得到该理想点集合后，便有第一步的标量化公式，如下所示：

$$f'_i(x)=f_i(x)-Z_i^{\min} \tag{8-3}$$

完成这一步之后，需要寻找极值点，也即 NSGA-Ⅲ算法中提到的 extreme points，在此需要用到一个名为 ASF(achievement scalarizing function)的函数，公式如下所示，该公式同样作用于每个维度的目标函数。

$$ASF(X,\ W)=MAX_{i=1:m}\frac{f'_i(x)}{W_i} \tag{8-4}$$

遍历每个函数，找到 ASF 数值最小的个体，这些个体就是 extreme points，根据这些点的具体函数值，就能算出对应坐标轴上的截距。截距的实际意义是每个坐标点在对应坐标轴上的坐标值，可以将其记录为 a_i。得到 a_i 和 Z_i 的具体数值以后，可以按如下所示的公式进行归一化运算：

$$f_i^n(x)=\frac{f'_i(x)}{a_i} \tag{8-5}$$

④ 个体关联参考点。NSGA-Ⅲ是一种基于参考点的多目标进化算法，这个

参考点至关重要，以四划分三个目标函数为例，参考点分布如图 8-2 所示。

然后需要针对每一个种群个体遍历所有向量，找到距离每个种群个体最近的参考点，同时记录下参考点的信息和对应的最短距离。其中，种群个体到参考点向量的距离将用垂直距离来描述，三维示例如图 8-3 所示。

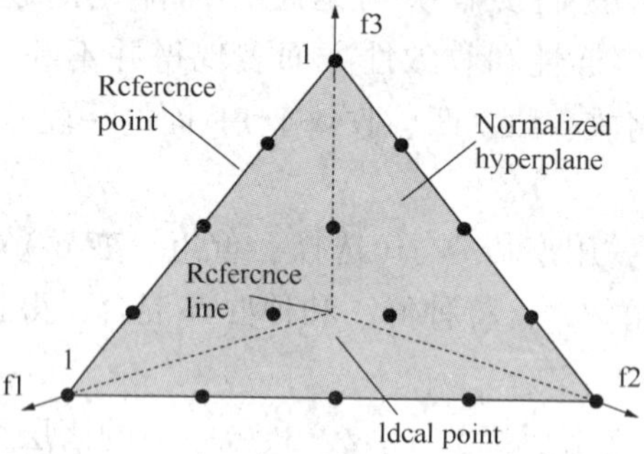

图 8-2　NSGA-Ⅲ参考点分布

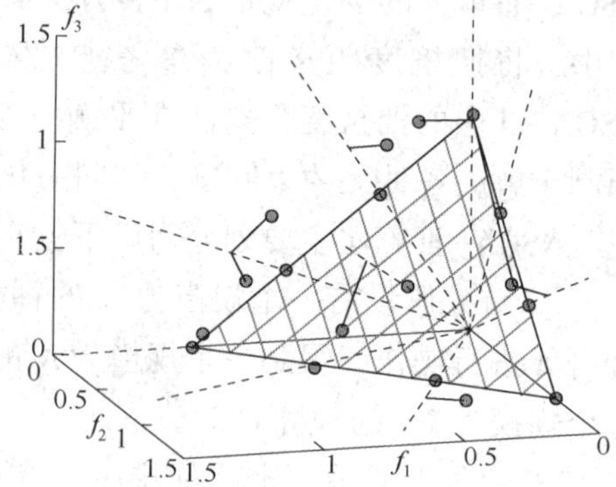

图 8-3　种群-参考点距离示例

⑤ 筛选子代与删除参考点。一个参考点可能有一个或多个种群成员与之相关，或者不需要任何种群成员与之关联。

经过非支配排序后，假设从第一个非支配层级到第 FL 层级的种群成员数目总和第一次超过种群规模 N，那么定义 S_{t+1} 为包含了 FL 中全部个体的集合，由于 S_{t+1} 的规模超过了预先设定的种群成员数目，因此需要进行相应的筛选。筛选的第一步是对每个参考点进行遍历，查看它被不包含 FL 的 S_{t+1} 引用的次数，并且寻找到被引用次数最少的参考点，也即被数量最少的种群个体所关联的参考点，将其被引用次数记录为 P_j。

a. 假如这个参考点关联的种群个体数量为零，也即 P_j 等于零，但在 FL 中有个体被关联到这个参考点向量，则从中寻找距离最小的点，并将其从 FL 中抽取，加入到被选择的下一代种群中，设置 $P_j=P_j+1$。

b. 如果在 FL 中没有个体被引用到该参考点，则删除该参考点向量，倘若 $P_j>0$，则从中选择距离最近的参考点直到种群规模为 N 为止，完成优化求解。

8.3　优化模型

本项目选用 python 的 Geatpy 算法库完成多目标优化模型建立。以下是其中相应数据结构介绍。

（1）种群染色体

遗传算法中最重要的就是个体的染色体表示，在 Geatpy 中种群染色体用 Chrom 表示，这是一个二维数组，其中每一行对应一个个体的染色体编码，Chrom 的结构如下：其中 *Lind* 表示编码的长度，*Nind* 表示的是种群的规模（个体数量）。

$$Chrom=\begin{Bmatrix} g_{1,1} & g_{1,2} & g_{1,3} & \cdots & g_{1,Lind} \\ g_{2,1} & g_{2,2} & g_{2,3} & \cdots & g_{2,Lind} \\ \vdots & \vdots & \vdots & \vdots & \vdots \\ g_{Nind,1} & g_{Nind,2} & g_{Nind,3} & \cdots & g_{Nind,Lind} \end{Bmatrix}$$

（2）种群表现型

种群表现型是指种群染色体矩阵 Chrom 经过解码后得到的基因表现型矩阵 Phen，每一行对应一个个体，每一列对应一个决策变量，Phen 的结构如下：其中 *Nvar* 表示变量的个数。

$$Phen=\begin{Bmatrix} x_{1,1} & x_{1,2} & x_{1,3} & \cdots & x_{1,Nvar} \\ x_{2,1} & x_{2,2} & x_{2,3} & \cdots & x_{2,Nvar} \\ (x_{3,1} & x_{3,2} & x_{3,3} & \cdots & x_{3,Nvar} \\ \vdots & \vdots & \vdots & \vdots & \vdots \\ x_{Nind,1} & x_{Nind,2} & x_{Nind,3} & \cdots & x_{Nind,Nvar} \end{Bmatrix}$$

（3）目标函数值

Geatpy 采用 numpy 的 array 类型矩阵来存储种群的目标函数值。一般命名为 ObjV，每一行对应每一个个体，因此它拥有与 Chrom 相同的行数；每一列对应一个目标函数，因此对于单目标函数，ObjV 会只有 1 列；而对于多目标函数，ObjV 会有多列，ObjV 的表示形式如下：

$$ObjV=\begin{Bmatrix} f_1(x_{1,1},\ x_{1,2},\ \cdots,\ x_{1,Nvar}),\ f_2(x_{1,1},\ x_{1,2},\ \cdots,\ x_{1,Nvar}) \\ f_1(x_{2,1},\ x_{2,2},\ \cdots,\ x_{2,Nvar}),\ f_2(x_{2,1},\ x_{2,2},\ \cdots,\ x_{2,Nvar}) \\ f_1(x_{3,1},\ x_{3,2},\ \cdots,\ x_{3,Nvar}),\ f_2(x_{3,1},\ x_{3,2},\ \cdots,\ x_{3,Nvar}) \\ \vdots \\ f_1(x_{Nind,1},\ x_{Nind,2},\ \cdots x_{Nind,Nvar}),\ f_2(x_{Nind,1},\ x_{Nind,2},\ \cdots x_{Nind,Nvar}) \end{Bmatrix}$$

（4）个体适应度

Geatpy 采用列向量来存储种群个体适应度（适应度函数由计算而来）。一般命名为 FitnV，它同样是 numpy 的 array 类型，每一行对应种群矩阵的每一个个体。因此它拥有与 Chrom 相同的行数，FitnV 的格式如下：

$$FitnV=\begin{Bmatrix} fit_1 \\ fit_2 \\ fit_3 \\ \vdots \\ fit_{Nind} \end{Bmatrix}$$

(5) 违反约束程度矩阵

Geatpy 采用 numpy 的 array 类型的矩阵 CV(Constraint Violation Value) 来存储种群个体违反各个约束条件的程度。命名为 CV，它的每一行对应种群的每一个个体，因此它拥有与 Chrom 相同的行数；每一列对应一个约束条件，因此若有一个约束条件，那么 CV 矩阵就会只有一列，如有多个约束条件，CV 矩阵就会有多列。如果设有 num 个约束，则 CV 矩阵的结构如下所示：

$$trace=\begin{Bmatrix} c_{1,1} & c_{1,2} & c_{1,3} & \cdots & c_{1,num} \\ c_{2,1} & c_{2,2} & c_{2,3} & \cdots & c_{2,num} \\ c_{3,1} & c_{3,2} & c_{3,3} & \cdots & c_{3,num} \\ \vdots & \vdots & \vdots & \vdots & \vdots \\ c_{Nind,1} & c_{Nind,2} & c_{Nind,3} & \cdots & c_{Nind,num} \end{Bmatrix}$$

CV 矩阵的某个元素若小于或等于 0，则表示该元素对应的个体满足对应的约束条件。若大于 0，则表示违反约束条件，在大于 0 的条件下值越大，该个体违反该约束的程度就越高。Geatpy 提供两种处理约束条件的方法，一种是罚函数法，另一种是可行性法则。在使用可行性法则处理约束条件时，需要用到 CV 矩阵。

(6) 译码矩阵

译码矩阵只是用来描述种群染色体特征的矩阵，如染色体中的每一位元素所表达的决策变量的范围、是否包含范围的边界、采用二进制还是格雷码、是否使用对数刻度、染色体解码后所代表的决策变量是连续型变量还是离散型变量，等等。

在只使用工具箱的库函数而不使用 Geatpy 提供的面向对象的进化算法框架时，译码矩阵可以单独使用。若采用 Geatpy 提供的面向对象的进化算法框架时，译码矩阵可以与一个存储着种群染色体编码方式的字符串 Encoding 来配合使用。

目前 Geatpy 中有三种 Encoding，分别为：

① BG：(二进制/格雷码)

② RI：(实整数编码，即实数和整数的混合编码)

③ P：(排列编码，即染色体每一位的元素都是互异)

(7) 进化追踪器

在使用 Geatpy 进行进化算法编程时，常常建立一个进化追踪器(如 pop_trace)来记录种群在进化的过程中各代的最优个体，尤其是采用无精英保留机制时，进化追踪器帮助我们记录种群在进化过程中的最优个体。待进化完成后，再从进化追踪器中挑选出“历史最优”的个体。这种进化记录器有多种，其中一种是 numpy 的 array 类型的，结构如下：其中 MAXGEN 是种群进化的代数(迭代次数)。

$$trace=\begin{Bmatrix} a_1 & b_1 & c_1 & \cdots & \omega_1 \\ a_2 & b_2 & c_2 & \cdots & \omega_2 \\ a_3 & b_3 & c_3 & \cdots & \omega_3 \\ \vdots & \vdots & \vdots & \vdots & \vdots \\ a_{MAXGEN} & b_{MAXGEN} & c_{MAXGEN} & \cdots & \omega_{MAXGEN} \end{Bmatrix}$$

trace 的每一列代表不同的指标，比如第一列记录各代种群的最佳目标函数值，第二列记录各代种群的平均目标函数值……trace 的每一行对应每一代，如第一行代表第一代，第二行代表第二代……另外一种进化记录器是一个列表，列表中的每一个元素都是一个拥有相同数据类型的数据。比如在 Geatpy 的面向对象进化算法框架中的 pop_trace，它是一个列表，列表中的每一个元素都是历代的种群对象。

Geatpy 算法代码如图 8-4 所示。

```
problem = ea.Problem(name='采气方案优化',
                     M=4 if i != len(target_rates) - 1 else 5,
                     maxormins=[1] * 4 if i != len(target_rates) - 1 else [1] * 4 + [-1],
                     Dim=well_amount,
                     varTypes=[1] * well_amount,
                     lb=lb,
                     ub=ub,
                     evalVars=evalVars)

algorithm = ea.moea_NSGA3_templet(problem,
                                  ea.Population(Encoding='RI',
                                                NIND=10),
                                  MAXGEN=1000,
                                  logTras=1)

print('Step' + str(i + 1) + ' Optimizing...')
res = ea.optimize(algorithm, seed=1, verbose=False, drawing=0, outputMsg=False, drawLog=False, saveFlag=False)
if res['success'] == False:
    print('Optimization Failed')
    os._exit(-1)
print('Success')

Varss = [list(res['Vars'][j]) for j in range(len(res['Vars']))]
sums = [sum(j) for j in Varss]
Vars = Varss[sums.index(min(sums))]
```

图 8-4　Geatpy 算法代码

8.4 文 23 储气库注采方案优化

本书以数值模拟方法对优化后的注采方案进行模拟，并与优化前的注采方案进行对比，证明通过注采方案优化提高储气库注采运行水平的可行性。

通过对比数模经验方案与优化方案所产出的地层压力曲线，以平均绝对误差 MAE 进行数据化对比。选取注采周期的 4 个时间阶段进行对比，以采气初期 2022 年 12 月的压力曲线为例。在本时间段优化模型产出的各井块地层压力与实际情况基本一致，其 MAE 值仅为 1.5，表现了优化模型在采气初期的准确性。且由小提琴图进行对比，优化后的储层压力分布更为均匀，表明此方案更适合储层天然气均匀分布。

预测压力比对见图 8-5。

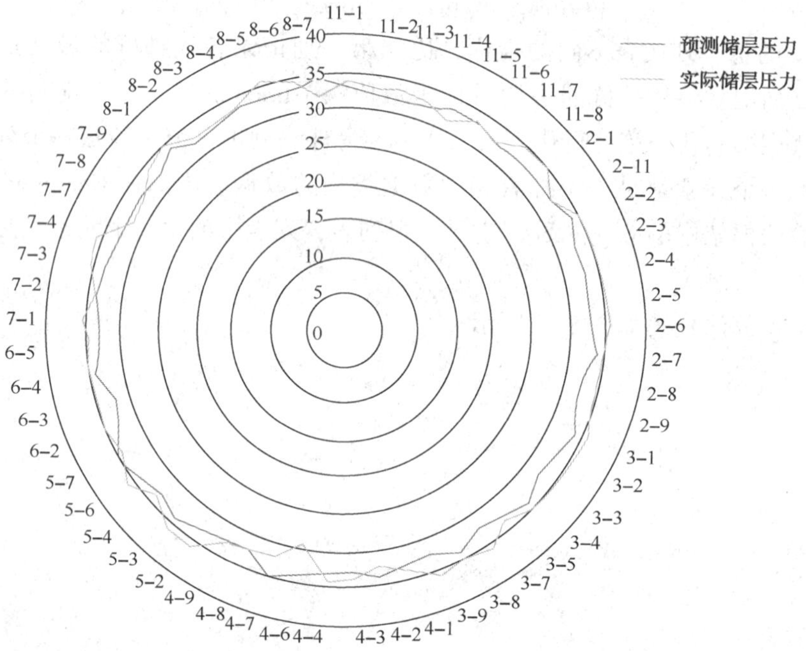

图 8-5 预测压力比对

将优化方案输入进入数模产出以优化方案为基准的地层压力分布图，再与原始数模压力图进行对比，以展现注采方案压力变化更加平缓满足了块间压差最小的目标并进一步保障了储气库长期安全稳定地运行。如图 8-8 所示为优化压力分布图，图 8-6 为真实压力分布图，可以看到优化方案所产出的压力变化更平缓，有助于储气库长期稳定运行。

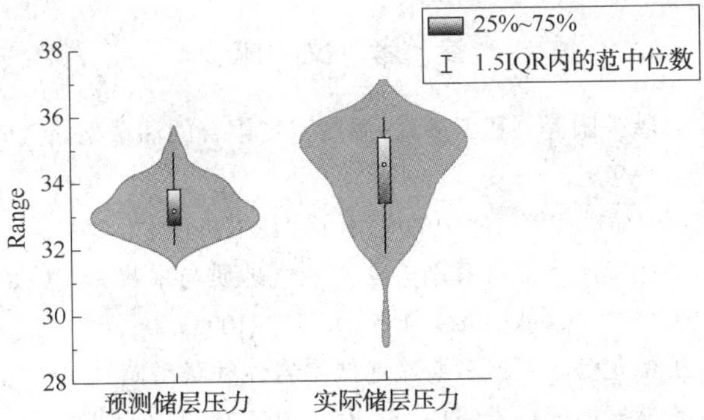

图 8-6 算法流程图

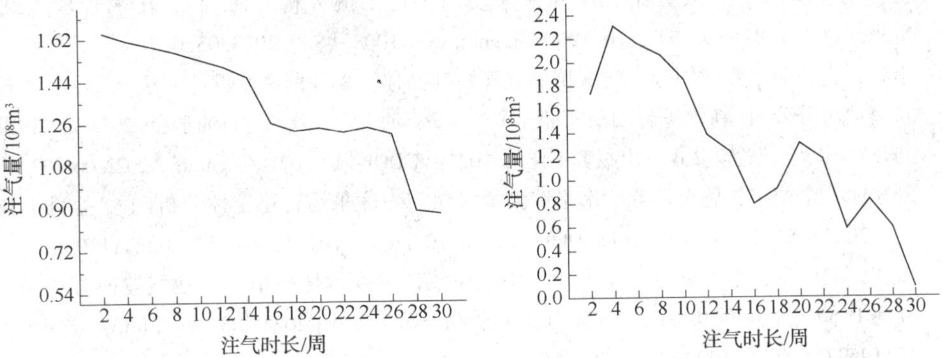

图 8-7 注气方案优化前后对比(左：优化后 右：优化前)

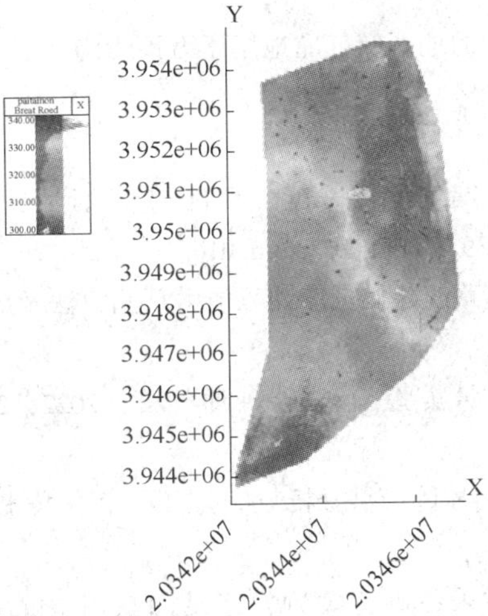

图 8-8 优化压力分布图

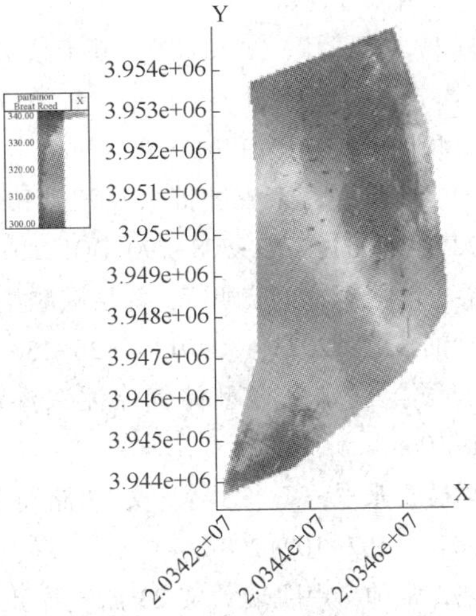

图 8-9 真实压力分布图

参 考 文 献

[1] 何海燕，刘先山，耿少阳等．基于渗流-温度双场耦合的油藏型储气库数值模拟[J/OL]．油气藏评价与发：1-9.

[2] 王麟．变工况注气压缩机在储气库中的应用[J]．压缩机技术，2023，No. 298(02)：34-36.

[3] 刘青峰．油气藏型储气库产能计算新方法．油气地质与采收率：1-8[2023-05-21]．https：//doi. org/10. 13673/j. cnki. cn37-1359/te. 202210023.

[4] 李进步，夏勇，王德龙等．鄂尔多斯盆地低渗岩性气藏型储气库建库设计与运行优化关键技术[J/OL]．天然气地球科学：1-15[2023-05-21]．http：//kns. cnki. net/kcms/detail/62. 1177. TE. 20230327. 1726. 002. html.

[5] 王佳明，李晶．气藏型储气库井注采动态不稳定流分析方法[J]．化工管理，2023，No. 654(03)：87-89. DOI：10. 19900/j. cnki. ISSN1008-4800. 2023. 03. 027.

[6] 李春，王皆明，张建国等．气藏型储气库短期高速注采井网密度设计方法[C]//中国石油新疆油田分公司(新疆砾岩油藏实验室)，西安石油大学，陕西省石油学会．2022 油气田勘探与开发国际会议论文集Ⅳ.［出版者不详]，2022：8. DOI：10. 26914/c. cnkihy. 2022. 066209.

[7] 刘冰冰，李德宁，施金伶等．水平腔型盐穴储气库注采运行稳定性分析[J]．盐科学与化工，2022，51(11)：10-14+18. DOI：10. 16570/j. cnki. issn1673-6850. 2022. 11. 008.

[8] 廖伟，刘国良，李欣潞等．注采过程中气质流体置换数值模拟及原地气置换方法——以新疆 H 储气库为例[J/OL]．大庆石油地质与开发：1-9[2023-05-21]．https：//doi. org/10. 19597/J. ISSN. 1000-3754. 202205043.

[9] 闫浩良．俄乌冲突背景下中国利用俄罗斯储气库调峰的思考[J]．油气储运，2022，41(12)：1470-1474.

[10] 隋顾磊，傅钰江，朱洪翔等．基于数据驱动的地下储气库地层压力预测[J/OL]．深圳大学学报（理工版）：1 - 8 [2023 - 05 - 21]．http：//kns. cnki. net/kcms/detail/44. 1401. N. 20221019. 1045. 002. html.

[11] 朱静，张继平，栾睿智等．辽河油田双 6 储气库注采能力评价[J]．石油钻采工艺，2022，44(06)：763-768+790. DOI：10. 13639/j. odpt. 2022. 06. 016.

[12] 王容，李隆新，刘晓旭等．深层碳酸盐岩气藏改建储气库注采能力预测方法及应用[J]．特种油气藏，2023，30(01)：126-133.

[13] 陈显学．底水气藏型储气库注采渗流规律实验[J]．特种油气藏，2022，29(04)：101-106.

[14] 段承琏，张平，王多才等．文 23 储气库井筒压降模型分析与优选[J]．石化技术，2023，30(04)：107-109+208.

[15] 曲艺，常帅，卢凯瑞．文 23 储气库正式试采冬供新人“底气”足[J]．中国石油石化，2020，No. 432(01)：58-59.

[16] 周舟．我国首个海上储气库开阀采气调峰[J]．天然气与石油，2023，41(01)：27.

[17] 龙一慧，张霞，刘敬等．气藏型储气库注采能力影响因素分析——以文 96 储气库为例[J]．化学工程与装备，2022，No. 304(05)：110－112. DOI：10. 19566/j. cnki. cn35－1285/tq. 2022. 05. 033.

[18] 龙一慧，张霞，刘敬等．气藏型储气库注采能力影响因素分析——以文 96 储气库为例[J]．化学工程与装备，2022，No. 304(05)：110－112. DOI：10. 19566/j. cnki. cn35－1285/tq. 2022. 05. 033.

[19] 王皆明，石磊，张宇等．气藏型储气库注采全过程油气相行为模拟[J]．石油勘探与开发，2022，49(06)：1198-1205+1233.

[20] 刘涛，李宜强，丁国生等．气藏型储气库空间动用规律及扩容机理仿真模拟[J]．石油勘探与开发，2022，49(06)：1227-1233.

[21] 邢庆刚，蔡继文，付祥等．测试平台在文 96 储气库注采井的研制与应用[J]．化工设计通讯，2016，42(07)：40+44.

[22] 刘建春，元震宇．文 96 地下储气库运行动态分析与评价[J]．石化技术，2016，23(06)：197-198.

[23] 谭羽非．动态校核枯竭气藏型地下储气库的存气量[J]．油气储运，2003(06)：36-40+60-63.

[24] 刘学．刘庄地下储气库动态分析研究[D]．西南石油大学，2014.

[25] 赵凯．气顶油藏型储气库注采动态预测实用方法[C]//中国石油学会天然气专业委员会，四川省石油学会．2016 年全国天然气学术年会论文集．[出版者不详]，2016：8.

[26] 李波，严大凡，陈向新．带储气库的干线输气管道的调峰分析[J]．油气储运，2002(03)：15-18+59-4.

[27] 汪会盟．储气库注采能力研究[D]．中国石油大学，2011.

[28] 文韵豪，王秋晨，巴玺立等．国内外智能化储气库现状及展望[J]．油气与新能源，2022，34(06)：60-64.

[29] Greg Lackey，| Gerad M Freeman，| Thomas A Buscheck et al. Characterizing Hydrogen Storage Potential in U. S. Underground Gas Storage Facilities[J]. Geophysical Research Letters，2023，Vol. 50(3)：e2022GL101420.

[30] Tinku Saikia，Shirish Patil，Abdullah Sultan. Hydrogen Hydrate Promoters for Gas Storage—A Review[J]. Energies，2023，Vol. 16(2667)：2667

[31] Orlova S，Mezeckis N，Vasudev V P K. Compression of Hydrogen Gas for Energy Storage：A Review. [J]. Latvian Journal of Physics & Technical Sciences，2023，Vol. 60(2)：4-16.

[32] Zhang Kaiqiang，| Jin Zhijun，| Li Gensheng，| et al. Gas adsorptions of geological carbon storage with enhanced gas recovery. [J]. Separation & Purification Technology，2023，Vol. 311

[33] Nasiru Salahu Muhammed，Bashirul Haq，Dhafer Al Shehri. Role of methane as a cushion gas for hydrogen storage in depleted gas reservoirs [J]. International Journal of Hydrogen Energy，2023.

[34] Natalia Iwaszczuk, Myroslav Prytula, Nazar Prytula, et al. Modeling of Gas Flows in Underground Gas Storage Facilities[J]. Energies, 2022, Vol. 15(7216): 7216K. Mark Thomas. Perspectives of Gas Adsorption and Storage in Kerogens and Shales[J]. Energy & Fuels, 2023, Vol. 37(4): 2569-2585.

[35] Zirong Lin, Shuangfeng Wang, Shuxun Fu, et al. Numerical study on effects of the cofferdam area in liquefied natural gas storage tank on the leakage and diffusion characteristics of natural gas[J]. Chinese Journal of Chemical Engineering, 2021, Vol. 29(1): 228-241.

[36] Xinhua MA, Dewen ZHENG, Guosheng DING, et al. "Extreme utilization" theory and practice in gas storages with complex geological conditions[J]. Petroleum Exploration and Development, 2023, Vol. 50(2): 419-432.

[37] Junbao Wang, Xiaopeng Wang, Miaomiao He, et al. Long - term stability analysis and evaluation of horizontal salt cavern gas storage[J]. Journal of Energy Storage, 2023, Vol. 66: 107413.

[38] Qingqing Xu, Hao Liu, Zhenhua Song, et al. Dynamic risk assessment for underground gas storage facilities based on Bayesian network[J]. Journal of Loss Prevention in the Process Industries, 2023, Vol. 82: 104961.

[39] Waters, Nick, Stewart-Hofer Hailey. Medical gas storage under NFPA 99: This covers the basics of medical gas storage and the requirements for health care spaces detailed in NFPA 99. [J]. Consulting-Specifying Engineer, 2023, Vol. 60(2): 40-45.

[40] Shangbin Chen, Zhuo Gong, Xueyuan Li, et al. Pore structure and heterogeneity of shale gas reservoirs and its effect on gas storage capacity in the Qiongzhusi Formation[J]. Geoscience Frontiers, 2021, Vol. 12: 198-214.

[41] Jun Zhou, Liuling Zhou, Guangchuan Liang, et al. Optimal design of the gas storage surface pipeline system with injection and withdrawal conditions[J]. Petroleum, 2021, (1).

[42] Qiqi Wanyan, Hongcheng Xu, Lina Song, et al. Novel Performance Evaluation Method for Gas Reservoir-Type Underground Natural Gas Storage[J]. Energies, 2023, Vol. 16(2640): 2640.

[43] Du Xueping, Liu Menglin, Qiu Shuo, et al. Implications of the European gas market for the long-term construction of underground gas storage in China. [J]. Energy Science & Engineering, 2023, (1)

[44] LI Jiqiang, Zhao Guanqun, Qi Zhilin, et al. Stress sensitivity of formation during multi-cycle gas injection and production in an underground gas storage rebuilt from gas reservoirs[J]. Petroleum Exploration and Development, 2021, Vol. 48(4): 968-977.

[45] Liu, Y.; Li, J.; Wang, Z.; Wang, S.: The role of surface and sub-surface integration in the development of a high-pressure andlow-production gasfield. Environ. Earth Sci, 2015, 73(10), 5891-5904.

[46] Park J, Cho S, Qi M, et al. Liquid airenergy storage coupled with liquefied natural gas cold en-

ergy：focuson efficiency，energy capacity，andflexibility. Energy，2018，216，119308.

[47] Lei H. Opportunities and challenges to the construction of under-ground gas storages in China. Oil&Gas Storage and Transp. 2018，37(7)，728-733.

[48] Ding G，Wei H. Review on 20 years' UGS construction in Chinaand the prospect. Oil&Gas Storage and Transp. 2020，39(1)，25-31.

[49] 孟浩．美国储气库管理现状及启示[J]. 中外能源，2015，20（1）：18-23.

[50] 万旸．地下天然气储气库数字化建设现状[J]. 化学工程 与装备，2021(10)：216-217，220.